稀土化合物的自牺牲模板合成及光致发光

Sacrificial Template Synthesis of Rare Earth Compounds and Photoluminescence

王雪娇　著

本书数字资源

北　京

冶　金　工　业　出　版　社

2023

内 容 提 要

本书介绍了以具有二维结构的稀土层状化合物为模板的多种稀土化合物的自牺牲模板合成及其上/下转换光致发光，并介绍了稀土化合物在 LED 照明及荧光测温等领域的应用，有助于从事稀土材料及发光材料领域的专业人员跟踪稀土化合物的合成方法及功能化。

本书可作为从事稀土材料及发光材料研究人员的入门读物，也可作为高等院校相关专业本科生、研究生的参考用书。

图书在版编目(CIP)数据

稀土化合物的自牺牲模板合成及光致发光/王雪娇著.—北京：冶金工业出版社，2023.8

ISBN 978-7-5024-9503-9

Ⅰ.①稀… Ⅱ.①王… Ⅲ.①稀土化合物—合成材料 ②稀土化合物—光致发光 Ⅳ.①O614.33

中国国家版本馆 CIP 数据核字(2023)第 081817 号

稀土化合物的自牺牲模板合成及光致发光

出版发行 冶金工业出版社 **电　话** (010)64027926
地　址 北京市东城区嵩祝院北巷 39 号 **邮　编** 100009
网　址 www.mip1953.com **电子信箱** service@mip1953.com

责任编辑 于昕蕾 卢 蕊 美术编辑 彭子赫 版式设计 郑小利
责任校对 范天娇 责任印制 禹 蕊
三河市双峰印刷装订有限公司印刷
2023 年 8 月第 1 版，2023 年 8 月第 1 次印刷
710mm×1000mm 1/16；9.5 印张；182 千字；142 页
定价 58.00 元

投稿电话 (010)64027932 投稿信箱 tougao@cnmip.com.cn
营销中心电话 (010)64044283
冶金工业出版社天猫旗舰店 yjgycbs.tmall.com
(本书如有印装质量问题，本社营销中心负责退换)

前　言

本书介绍了以稀土层状化合物为模板的多种稀土化合物，包括稀土氟化物/氟氧化物、双金属稀土钨/钼酸盐、稀土钒酸盐的自牺牲模板合成及其上/下转换光致发光，并介绍了稀土化合物在LED照明及荧光测温等领域的应用，有助于从事稀土材料及发光材料领域的专业人员跟踪稀土化合物的合成方法及功能化。

本书涵盖了稀土氟化物、氟氧化物、稀土钒酸盐及稀土钨钼酸盐的自牺牲模板制备并介绍了相应稀土化合物的光致发光性能。全书分为5章：第1章对稀土发光材料的基础知识进行了概述，介绍了稀土的物理化学性质、影响稀土发光的因素、发光材料的分类及应用等；第2章主要介绍了合成稀土化合物的各种方法，并着重介绍了自牺牲模板法在合成稀土化合物中的应用；第3章主要介绍了以硫酸盐型稀土层状化合物为自牺牲模板合成稀土氟化物及稀土氟氧化物，并介绍了所得化合物的上/下转换光致发光性能；第4章介绍了稀土钒酸盐的自牺牲模板合成、其光致发光性能及其在光学测温及荧光粉转换LED中的应用；第5章介绍了双金属稀土钨/钼酸盐的自牺牲模板合成及相应化合物的上/下转换光致发光性能。

本书在编写过程中参考了大量的著作和文献资料，在此，向工作在相关领域最前端的科研人员致以诚挚的谢意。随着稀土化合物研究的不断深入，本书中的研究方法和研究结论有待更新和更正。由于作者水平有限，书中难免有错误和疏漏之处，敬请各位读者批评指正。

作　者

2023年3月

目　　录

1 稀土发光材料概述

1.1 稀土概述

元素周期表中原子序数为 57~71 的 15 种镧系元素加上性质与之相近的钪（Sc）和钇（Y）共 17 种元素被称为稀土元素。我国常用符号 RE 表示稀土元素，用 Ln 表示镧系元素。稀土元素因其优异的光、电、磁性能一直备受关注。在目前已开发的诸多光功能材料中，稀土发光材料占据着不可取代的重要位置。稀土离子具有特殊的［Xe］$4f^{0\text{-}14}$电子构型、其内层 4f 电子层被外层的 5s 和 5p 轨道有效屏蔽，故稀土发光材料具有色纯度高、物化性质稳定、光转换效率高、对激发光吸收强、能级丰富等优点，广泛应用于照明、显示、辐射探测及医学成像等领域[1-2]。

1.1.1 稀土的物理及化学性质

1.1.1.1 稀土元素的物理性质

（1）晶体结构：稀土的晶体结构多呈密排六方或面心立方结构，钐（菱形结构）和铕（体心立方结构）例外。

（2）熔点：除镱外，钇组稀土金属的熔点（1312~1652℃）都高于铈组稀土金属；而沸点则铈组稀土金属（除钐、铕外）高于钇组稀土金属（镥例外），其中以金属钐、铕、镱的沸点为最低（1430~1900℃）[3]。

（3）塑性及硬度：纯的稀土金属具有良好的塑性，易于加工成型。其中尤以金属镱、钐的可塑性为最佳。稀土金属的硬度，除铈、铕、镱外均随原子序数的增加而增加。稀土金属的导电性能较差[3]。

（4）导电性及磁性：α-La 在 4.9K 和 β-La 在 5.85K 时可表现出超导性能，其他稀土金属即使在接近绝对零度时也无超导性。稀土金属（除镧、镥是反磁性物质外）都是顺磁性的，具有很高的磁化率，而钆、镝和钬具有铁磁性。

1.1.1.2 稀土元素的化学性质

稀土元素最外两层的电子组态基本相似，在化学反应中表现出典型的金属性质，易于失去三个电子，呈正三价，稀土元素的化学活性很强，它们的金属性质次于碱金属和碱土金属，而比其他金属元素活泼，因此稀土金属一般应保存在煤油中，否则会与潮湿空气接触而被氧化失去金属光泽。在 17 个稀土元素中，按金属的活泼性排列，钪→钆→镧递增，由镧到镥递减，即镧最活泼。稀土金属与水作用可放出氢气，与酸作用反应更激烈，稀土易溶于盐酸、硫酸和硝酸中。稀土金属由于能形成难溶的氟化物和磷酸盐的保护膜，因而难溶于氢氟酸和磷酸中。但稀土不与碱起反应。稀土金属燃点很低，铈为 160℃，镨为 190℃，钕为 270℃。它们能生成极稳定的氧化物、卤化物、硫化物。在较低的温度下能与氢、碳、氮、磷及其他一些元素相互反应[3]。

1.1.2 稀土的电子层结构及电子组态

元素的化学性质及一些物理性质主要取决于其最外层电子层的结构。稀土元素间的化学性质十分相近，这可由它们的电子层结构特点来解释。镧系元素随着原子序数的增加，其原子的最外两电子层（O 层及 P 层）的结构几乎没有变化，因填充的电子填入了尚未填满的而又受外层电子屏蔽、不受邻近原子电磁场影响的较内层的 4f 亚层上。镧、钆、镥呈现稳定的三价状态，这是由于最外层的两个 6s 亚层电子和一个 5d 亚层电子参与价键。其余镧系元素原子没有 5d 亚层电子。对镧系元素原子而言，虽然 4f 亚层电子不参与成键，但可自 4f 亚层转移一个电子至 5d 亚层而成 $5d^1 6s^2$ 的结构，所以镧系元素在通常情况下是以正三价为其特征价态[2]。但某些稀土元素也存在正四价和正二价状态。

稀土元素的发光特性是由稀土离子的特性决定的。稀土元素半径大，极易失掉外层两个电子和次外层 5d 一个电子或 4f 层一个电子而形成三价离子，某些稀土元素也能呈二价或四价态，但其中三价是特征氧化态。根据泡利（Pauli）不相容原理，每个原子轨道可以容纳两个自旋方向相反的电子，则在镧系元素的 4f 轨道中可容纳 14 个电子。其中镧系离子的特征价态为+3，当形成正三价离子时，其电子组态为 $1s^2 2s^2 2p^6 3s^2 3p^6 3d^{10} 4s^2 4p^6 4d^{10} 4f^n 5s^2 5p^6$[2]。

稀土离子的光谱特性主要取决于它们特殊的电子组态，在三价稀土离子中，没有 4f 电子的 Sc^{3+}、Y^{3+} 和 La^{3+}($4f^0$) 及 4f 电子全充满的 Lu^{3+}($4f^{14}$) 都具有密闭的壳层，因此它们都是无色的离子，具有光学惰性，很适合作为发光材料的基质。而从 Ce^{3+} 的 $4f^1$ 开始逐一填充电子，依次递增至 Yb^{3+} 的 $4f^{13}$，在它们的电子组态中，都含有未成对的 4f 电子，利用这些 4f 电子的跃迁，可以产生发光和激光。因此，它们很适合作为发光材料的激活离子[4-5]。

1.1.3 稀土的原子半径及离子半径

对于多电子原子，若忽略电子之间的排斥作用，电子与原子核之间的平均距离主要由它所处的亚层决定。此时，原子核对电子的吸引作用随核电荷数的增加而增强，并导致原子半径缩小。在实际情况下，核电荷数增大引起的原子半径减小会因电子之间的排斥作用而部分抵消，即存在所谓的屏蔽效应。对于同一能级的电子，屏蔽效果按照 s、p、d、f 的顺序递减。通常来说，当一个周期中的某个亚层被逐渐填入电子时，原子半径会下降，而这一特点在镧系中表现尤为明显。这是因为镧系元素 4f 亚层上的电子无法有效抵消因核电荷数增加而产生的半径减小，造成镧系收缩现象。简言之，就是由于镧系元素中 4f 电子的屏蔽效应不完全而造成的离子半径的实际收缩比预期值要大的现象，如图 1-1 所示，图中 r 为离子半径（单位为 nm），CN 为配位数。镧系元素离子半径的收缩要比原子半径的收缩大得多，如图 1-2 所示（离子半径引自文献［7］）。不考虑图 1-2（b）中 Eu 和 Yb 的反常现象，从 La 至 Lu 离子半径的收缩率为 15.13%，而原子半径的收缩率为 7.67%，仅为前者的一半。这是因为金属原子的电子层比相应的离子多出 6s 电子层，该层离核较远且受 4f 层完全屏蔽，故受核电荷引力减小、镧系收缩不显著。原子半径收缩过程中，Eu 和 Yb 出现反常（见图 1-2（b）)，比相邻元素的原子半径大得多，没有按照镧系收缩规律逐渐减小。这是由于 Eu 的 4f 电子层接近半充满，而 Yb 的 4f 电子层接近全充满，形成了相对稳定的电子构型。在金属晶体中，这两种原子只有 2 个 6s 电子作为传导电子，而其他稀土原子有 3 个传导电子（$5d^16s^2$ 或者 $4f^16s^2$），因此其原子间结合力不像其他稀土元素那样强，使得 Eu 和 Yb 的原子半径相对较大，以便维持其稳定状态。

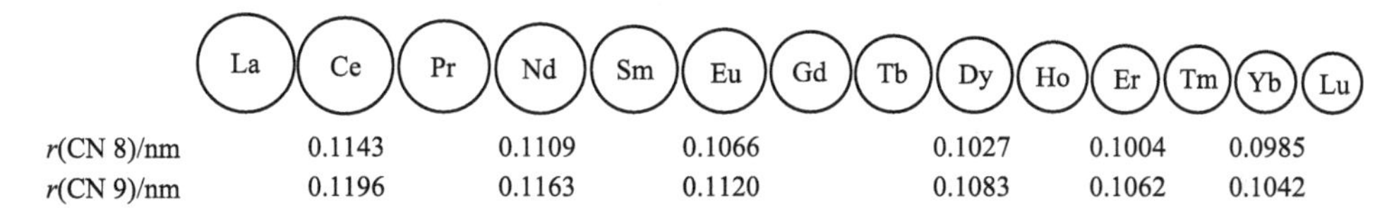

图 1-1 镧系收缩现象示意图[6]

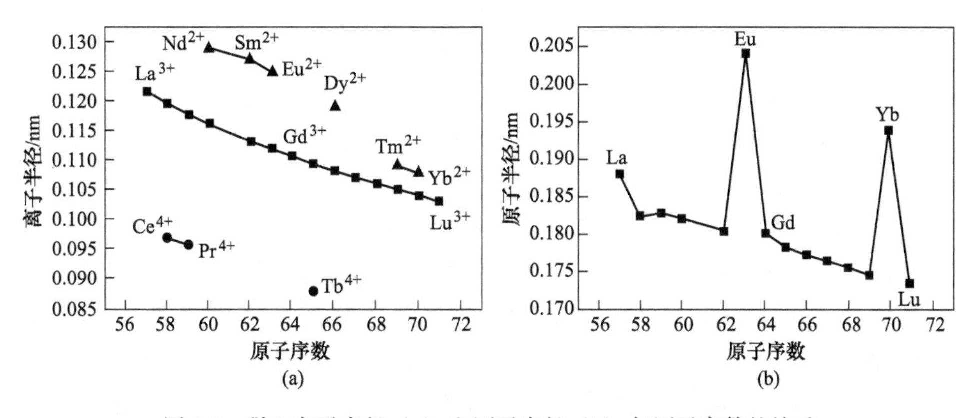

图 1-2 稀土离子半径（a）和原子半径（b）与原子序数的关系

镧系收缩直观表现为原子半径和离子半径随原子序数增加而发生的实际收缩比预期值要大。该收缩现象还会对镧系元素的一些其他性能如离子配位数、配位空间和物相存在范围等产生一系列影响。稀土元素中，La 的离子半径最大，其碱性最强、电负性最弱。随着离子半径的减小，稀土元素的一系列性质会因镧系收缩而发生有规律的递增或递减，如稀土离子的溶液化学和物化性质等。此外，元素的电荷迁移能量和标准还原电位也会因镧系收缩而产生一系列变化，从而影响荧光激发跃迁和发射跃迁的性质和效率。因此研究镧系收缩的影响具有重要的理论意义和实用价值。

1.2　稀土发光材料

1.2.1　概述

稀土因其特殊的电子层结构而具有一般元素无法比拟的光谱性质，稀土的发光性能和激光性能都是由于稀土的4f电子在不同能级之间的跃迁而产生的。在稀土功能材料的发展中，稀土发光材料的发展和应用格外引人关注。稀土发光几乎覆盖了整个固体发光的范畴，只要谈到发光，几乎离不开稀土。在f组态内不同能级之间的跃迁称为f—f跃迁；在f和d组态之间的跃迁称为f—d跃迁。当稀土离子吸收光子或X射线等能量以后，4f电子可以从能量低的能级跃迁至能量高的能级；当4f电子从高的能级以辐射弛豫的方式跃迁至低能级时发出不同波长光，两个能级之间的能量差越大，发射的波长越短。很多稀土离子具有丰富的能级和它们的4f电子的跃迁特性，使稀土成为一个巨大的发光宝库，为高新技术提供了很多性能优越的发光材料和激光材料。

17种稀土元素中，钷（Pm）具有放射性，而钪价格昂贵，因而对其研究较少。本书所述稀土元素均指除钷和钪之外的其余15种元素。钇虽不属于镧系，但其电子构型与镧系元素相似。镧离子（La^{3+}）的4f内层电子为全空，镥离子（Lu^{3+}）的4f内层电子为全满，钆离子（Gd^{3+}）的4f内层电子为半满，而钇离子（Y^{3+}）无4f电子。在稀土元素中，处于全空、全满和半充满状态的4f电子比较稳定，很难被可见光激发，因此在可见光区没有跃迁发射和吸收，其化合物常常被用作发光材料的基质。其余11种稀土离子（Ce^{3+}—Yb^{3+}）的电子依次填充在4f轨道，从f^1到f^{13}。因其电子层中都存在孤对电子，故可产生丰富的跃迁和发光。如YAG:Ce是目前商业上最常用的黄色荧光粉[8]，Gd_2O_2S:Pr和Gd_2O_2S:Tb是性能良好的X射线增感屏和场发射显示器用荧光粉[9-10]，Nd^{3+}是固体激光材料中应用比较广泛的激活剂[11]，Y_2O_3:Eu是广泛应用于荧光照明的红色荧光粉，Y_2O_2S:Eu^{3+}，Ti^{4+}，Mg^{2+}是优异的红色长余辉荧光材料[12-13]，Dy^{3+}则因同时发射黄、蓝和红光而被用于单激活剂暖白光LED（W-LED）[14]。Ho^{3+}、Er^{3+}和Tm^{3+}的下转换发光效率虽不高，但在Yb^{3+}的敏化作用下可展现优异的上转换发光性能[15-16]。

稀土发光材料的性能表征主要包括激发光谱、发射光谱、发光强度、量子效率、发光衰减、斯托克斯位移和反斯托克斯位移、色坐标和色温等。晶格的化学稳定性和热稳定性、晶格种类、颗粒特性和合成方法等均会对发光性能产生影响。

1.2.2 发光定义和特点

发光是物体以某种方式吸收的能量直接转化为非平衡辐射的现象。然而，并非所有的光辐射过程都称为发光，光辐射包含平衡辐射和非平衡辐射。平衡辐射是炽热物体的光辐射，又称热辐射，而发光是一种非平衡辐射[17-19]。事实上，在激发发光时，只有个别中心才能得到能量，周围大量的中心处于未被激发的状态。发光有两个特点：一是发光体与周围环境的温度几乎是相同的，并不需要加温，俗称“冷光”。二是外界能量被吸收后，经过发光体的消化，然后发出光。另外，发光这种非平衡辐射的持续时间要大于光的振动周期[20]。概括地说，发光就是物质在热辐射之外，以光的形式发射出多余的能量，而这种多余能量的发射过程具有一定的持续时间。

1.2.3 固体发光原理

发光是一种宏观现象，但它和晶体内部的能带结构、缺陷结构、能量传递、载流子迁移等微观性质和过程密切相关。晶体中的能带有价带和导带之分，价带对应于基态下晶体中未被激发的电子所具有的能量水平，导带对应于激发态下晶体中被激发电子所具有的能量水平。被激发的电子迁移到导带，可以在晶体内流动而成为自由电子。在价带和导带之间存在一个间隙带，晶体中的电子只能占据价带或导带，而不能在这个间隙带中滞留，故该间隙带称为禁带。在实际晶体中能存在杂质原子或晶格缺陷，晶体内部的规则排列被局部破坏了，从而在禁带中产生一种特殊的能级，称为缺陷能级。发光材料的发光性能与合成过程中化合物基质晶格的结构缺陷和杂质缺陷有关。作为发光材料的晶体，往往有目的地掺杂杂质离子以构成缺陷能级，形成杂质缺陷的发光中心激活，掺杂的杂质离子常被称为激活剂，它们对晶体的发光起着关键作用。有些材料不需要添加激活剂，由发光材料基质自身的结构缺陷就可引起发光，这类发光称为自激活发光[21]。

通常发光材料由基质（作为材料主体的化合物）和激活剂（少量的作为发光中心的掺杂离子）组成。图1-3是固体发光过程示意图，其中M表示基质晶格在M中掺杂两种外来离子A和S，假设基质晶格M的吸收不产生辐射。基质晶格M吸收激发能量，将能量传递给掺杂离子使其上升到激发态，它返回基态时可能有3种途径：

（1）以热的形式把激发能量释放给邻近的晶格，称为“无辐射弛豫”，也叫荧光淬灭。

（2）以辐射形式释放激发能量，称为“发光”。

（3）S 将激发能传递给 A，即 S 吸收的全部或部分激发能由 A 产生发射而释放出来，这种现象称为“敏化发光”，A 称为激活剂，S 通常被称为 A 的敏化剂。

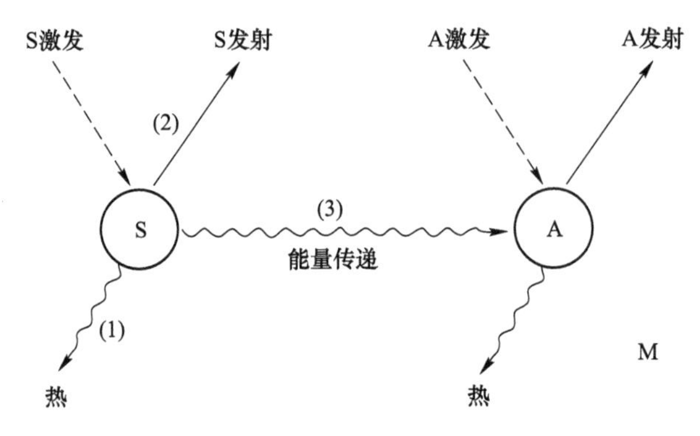

图 1-3　固体发光过程示意图

1.2.4　稀土离子的 f—f 跃迁及 f—d 跃迁发光特征

1.2.4.1　稀土离子的 f—f 跃迁发光特征

大多数三价稀土离子的发光来源于未填满的 4f 壳层的电子跃迁，这种跃迁称为 f—f 跃迁。由于 4f 层的电子被 5s 和 5p 电子层的 8 个电子所屏蔽，晶体场对谱线位置影响较小，因此晶体场中的能级一般类似于自由原子的能级，呈现分立能级，发射光谱均为线状光谱。对于稀土自由离子而言，$4f^n$ 组态内的各种状态的宇称是相同的，它们之间的跃迁矩阵元等于零。根据稀土自由离子电子跃迁的宇称选择定则（电偶极跃迁只能发生在不同宇称的能态之间、磁偶极与电四极跃迁发生在相同宇称的能态之间）可知，稀土自由离子 $4f^n$ 组态内能级之间的电偶极跃迁是禁戒的，磁偶极跃迁是允许的。在凝聚态中，由于晶体场奇次项的作用，可以使与 $4f^n$ 组态状态相反宇称（如 $4f^{n-1}5d$ 或 $4f^{n-1}15g$ 组态）的组态混入 $4f^n$ 组态之中，这使原来 $4f^n$ 组态内的状态不再是单一的状态，而是两种宇称的混合态，这样状态之间的电偶极跃迁矩阵元不为零，致使 $4f^n$ 组态内的电偶极跃迁成为可能，因此，固体或溶液中可以观察到紫外光、可见光或红外光的 $4f^n$ 组态内的 f—f 跃迁发光[1-3]。稀土离子的 f—f 跃迁的发光特征归纳如下：

（1）发射光谱呈线状，受温度的影响较小。

（2）基质对发射波长的影响不大。

（3）浓度淬灭小。

（4）温度淬灭小，即使在 400~500℃仍然发光。

（5）谱线丰富，可从紫外光一直到红外光。

1.2.4.2 稀土离子的 f—d 跃迁发光特征

稀土离子除了 f—f 跃迁外，还可以观察到 4f—5d 的跃迁。它们的 $4f^{n-1}$—5d 组态与 $4f^n$ 组态能级间的跃迁为宇称允许跃迁，发光强，通常比 f—f 跃迁要强 10^6 倍。其跃迁概率也比 f—f 跃迁大得多，一般跃迁概率为 10^7 数量级。当稀土离子处于晶体中，由于周围的晶体场环境对稀土离子外层的 5d 电子作用较大，导致 5d 电子能级产生劈裂，而且由于电子云的扩大效应使能级产生较大的红移，虽然 5d 电子的能级较高，但仍然可以观察到紫外光或可见光区的辐射跃迁的宽带发光[2]。

在三价稀土离子中，Ce^{3+}、Pr^{3+}和 Tb^{3+}的 4f—5d 的能量较低，可以容易地观察到它们的 4f—5d 跃迁，而其他三价稀土离子的 5d 态能量较高，难以观察到它们的 4f—5d 跃迁。其中最有价值的是 Ce^{3+}，它的吸收和发射在紫外光和可见光区均可观察到。Ce^{3+}也是发光材料领域中研究最广泛并且在照明显示领域有很好应用的稀土离子。

1.2.5 发光材料的发光性能参数

发光材料的主要性能指标包括发光强度、亮度，发光效率（能量效率、量子效率、光度效率），发射光谱、颜色等。

（1）发光效率（η）：材料吸收激发能量后转化成光发射，光发射与吸收之比称为发光效率。有两种表示：1）量子效应，即发光材料发射的量子数 N' 与激发时所吸收的量子数 N 的比值。2）能量效应，即发光材料发出光的能量 E' 与吸收的能量 E 之比。

（2）发光强度：一定面积发光表面沿法线方向所产生的光强（通常是指相对亮度）。

（3）发射光谱：发射光谱是指发光材料在某一特定波长光的激发下，所发射的不同波长光的强度或者能量的分布，是发光材料的独特性质。许多发光材料的发射光谱是连续谱带，但常常由一个或可分解成几个峰状的曲线做成，这些峰所对应的波长称为峰值波长，它用来描述荧光所含有的主要颜色。

发光中心的结构决定发射光谱的形成，因此不同的发光谱带来源于不同的发光中心，因而有不同的性能。例如当温度升高时，一个带会减弱，而另一个带则相对加强等。在同一个谱带的范围内，则一般都有同样的性能。因此在研究各种发光特性时，应该注意把各个谱带分开。

有一些材料的发光谱带比较窄，并且在低温下（液氮或液氦温度下）分解成许多谱线。还有一些材料在室温下的发射光谱就是谱线，如 $Y_2O_2S:Eu^{3+}$ 的发光谱线，以三价稀土离子为激活剂的材料常有这种光谱。由于这种材料的三价稀土离子的能级结构和自由的三价稀土离子非常相似，因此可以确定各条谱线的来源。这对研究发光中心及其在晶格中的位置很有用处。但是用其他元素作为激活剂的材料，其发射光谱多是带谱，有的即使在低温下也不显出谱线，确定它们的发光中心是比较复杂的问题。发射光谱有三种类型：线谱、带谱、既有线谱又有带谱。

（4）吸收光谱：其反映了光照射到发光材料上，激发光波长和材料所吸收的能量的关系，表示为 $I(\lambda)=I_0(\lambda)e^{-K}\lambda^X$（有反射与散射），式中 $I(\lambda)$ 为光通过厚度为 X 的材料层后的发光强度，$I_0(\lambda)$ 为波长为 λ 的光照射到材料时的发光强度。

（5）激发光谱：在实际应用和研究工作中，常常测量发光材料的激发光谱。激发光谱是指发光材料在以不同波长的光的激发下，该材料的某一发光谱线和谱带的强度或者发光效率与激发光波长的关系。根据激发光谱可以确定激发该发光材料使其发光所需要的激发光波长范围，并可以确定某发光谱线强度最大时最佳的激发光波长。由此可见，激发光谱反映不同波长的光激发材料的效率。因此，激发光谱表示对发光起作用的激发光的波长范围。要注意的是，激发光谱和吸收光谱是两个不同的概念，其作用也是不一样的，吸收光谱（或反射光谱）只说明材料的吸收，至于吸收以后是否发光，那就不一定了。比较发光材料的反射光谱和激发光谱，可以准确判断出哪些吸收对发光是有用的，哪些是不起作用的。激发光谱反映发光材料所吸收的激发光波长中，哪些波长的光对材料的发光更为有效。激发光谱常用平面坐标表示，横轴代表激发光的波长，纵轴代表发光的强弱，可以用相对强度来表示。

（6）发光衰减（luminescence decay）：发光体的发光强度在激发停止后随时间的衰减现象。发光体在外界激发下发光，当激发停止后，发光持续一定时间，这是发光与其他光发射现象的根本区别。在持续期间，发光强度按一定规律衰减。这一过程称为发光衰减或发光弛豫或发光余辉。衰减过程反映发光中心处于激发态的平均寿命。余辉持续时间的长短是应用发光体时的重要依据。

发光的衰减规律比较复杂，其中有两种常见的衰减形式：指数衰减律和双曲线衰减律。指数衰减律的发光强度 $I(t)$ 可用 $I(t)=A\exp(-t/\tau)+B$ 表示，其中 τ 为平均发光时间，B 为起始发光强度，t 为时间。分立中心发光体具有这种衰减规律，常称为单分子过程。在固体中各个发光中心所处的环境不同，通常表现为 τ 值不同，衰减表示为几个指数函数之和。双曲线衰减律的发光强度 $I(t)$ 可用 $I(t)=B/(1+Qt)\alpha$ 表示，其中 $1<\alpha<2$。这种发光可以是任一被电离的发光中心与电离至导带的任一电子的复合而产生的，常称为双分子过程。但常见的衰减过程是两者的混合或更为复杂的过程，它们各自反映的发光过程可以用分时光谱技术分别加以研究。

（7）光谱发生红移或蓝移：有时候可以观察到纳米稀土发光材料的光激发

光谱和发射光谱相对于粗颗粒发光材料呈现红移现象，其原因是材料粒径减小的同时，颗粒内部的应力会增加，这种内应力的增加会导致能带结构的变化，电子波函数重叠加大，结果带隙、能级间距变窄，这就导致电子由低能级向高能级及半导体电子由价带到导带跃迁引起的光吸收带和吸收边发生红移。而有时纳米稀土发光材料的激发光谱和发射光谱会发生蓝移现象，这可能是由于纳米材料巨大的表面张力导致晶格畸变，并通过晶体场的作用产生光谱蓝移。

1.2.6 影响稀土离子发光的因素

影响稀土发光材料发光的因素通常有稀土激活剂浓度、温度、化学组成与晶体结构、颗粒特性等[22-24]。

（1）稀土激活剂浓度的影响。在发光材料的研究中，发光离子的掺入浓度对材料发光性能造成的影响一直是人们研究的对象。一般随着离子浓度的逐渐增大，发光体的发光强度先增大然后开始逐渐降低，到一定浓度时发光消失。对这种发光中心通过能量传输将激发能转移到其他位置（其他发光中心或不发光位置），其发光效率和强度都随之减低的现象称为浓度淬灭[25]。激活剂浓度与发光效率、光谱结构、淬灭温度等有着密切的关系。

（2）温度效应影响。稀土激活离子各分立能级之间的能量跃迁还与温度有关，相同激光晶体在不同温度下的吸收光谱和发射光谱具有不同的特点，激光性能也存在差异[26]。稀土离子发光的温度效应一般分为 3 种：

1）在室温下发光效率很高，但温度升高后亮度就急剧下降。

2）亮度和温度呈正相关，随着温度升高，亮度升高，达到一定温度时，趋势才开始平缓，接着下降。

3）亮度与温度在一定范围内关系不大，只有超过某限度后才开始下降。

这三类材料的共同特点是在亮度作为温度函数的曲线上都有一个转折段，即所谓温度淬灭效应。

（3）化学组成与晶体结构的影响。稀土磷光体化学组成的改变往往影响基质的晶体结构，特别是对于 f—d 跃迁的磷光体，常常在其光谱峰位置上、形状上都有所改变。通过合理选择基质的化学组成可得到具有特定发射波长的磷光体。

（4）颗粒特性。如果发光材料是细颗粒粉末，其颗粒特性的技术参数有粒度分布、中心粒径、比表面积、平均粒径、颗粒形状、聚集状态及表面状态等。一般认为，材料的颗粒粒径越大，其发光亮度越高，反之粒径减小，则发光亮度下降。这一方面是因为颗粒粒径大的材料结晶状态好，发光效率高；另一方面，颗粒粒径大对激发光散射小，能更有效地吸收激发光。在表面状态的研究中，发现颗粒表面的光滑程度直接影响材料对激发光的反射，反射率越大的材料对光的吸收越低，从而使材料的发光亮度减弱。

（5）压力的影响。近年来，研究高压发光成为一种新的趋向。Tyner[27]研究了高温高压对 Eu^{2+}激活的碱土磷酸盐磷光体的影响。发现压力增加能使一个状态的能量转移到另一个状态，使发射峰增多。但目前还没有一个确切的说法，因此对这一方面的研究还需要进一步深入。除了上述各主要因素外，杂质、发光材料的制备工艺等都会影响磷光体的效率、亮度和相对强度。

1.3 稀土上转换发光

1.3.1 概述

上转换发光即反斯托克斯发光是一种非线性光学过程，它需要两个或者多个低能量的近红外光子来产生更高能量的光子，从近红外到可见光甚至紫外区域[28]。上转换材料可以分为单掺杂和双掺杂两种。由于上转换发光利用的是离子的 f—f 禁阻跃迁，对激发能量吸收强度不高，所以一般利用双掺杂的方式，掺入一定浓度的敏化离子，增强激活离子的发光强度。Nd^{3+}、Ho^{3+}、Er^{3+}和 Tm^{3+}常作为上转换的激活离子。而 Yb^{3+}在 950～1000nm 波长范围内具有较强的 $^2F_{7/2} \rightarrow {}^2F_{5/2}$跃迁，其激发态高于 Ho^{3+}、Er^{3+}和 Tm^{3+}的激发亚稳态，所以 Yb^{3+}常作为敏化剂，该离子可通过能量传递增强共掺杂的稀土离子的上转换发光性能。

上转换效应使人眼不可见的红外光变成可见光，这一特性对红外探测技术的发展具有重要意义。上转换荧光粉在固态激光器、多色显示器、药物传递、荧光生物标记、太阳能电池等其他领域都有广泛的应用[29-30]。

1.3.2 上转换发光机理

稀土离子的 4f 能级十分丰富，许多离子具有较长寿命的亚稳态能级，有利于上转换过程的发生，因此产生较强的上转换发光。目前，上转换过程的机理可归结为激发态吸收过程（excited state absorption，ESA）、能量传递（energy transfer up-conversion，ETU）和光子雪崩（photon avalanche，PA）。

（1）激发态吸收：其原理是同一个离子从基态能级通过连续的多光子吸收达到能量较高的激发态的过程，是上转换发光最基本的过程。其过程如图 1-4 所示，在特定波长激发下，处于基态 E_1 能级的电子吸收一个光子跃迁到激发态 E_2 能级，如果 E_2 能级与 E_3 能级之间的能量差与激发波长的能量相近，则在 E_2 能级再吸收以光子跃迁到 E_3 能级。当电子从激发态能级回到基态能级时，释放出光子的能量大于吸收过程中单个光子的能量，该过程即为激发态吸收过程。

（2）能量传递：在基质晶格中激发和发光如果发生在同一离子上，则称此

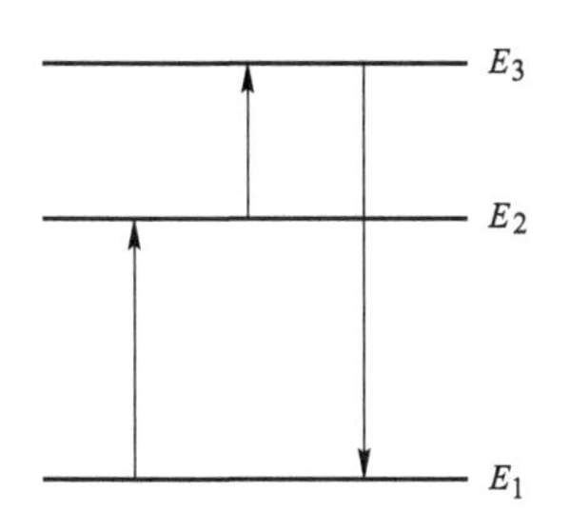

图 1-4 激发态吸收示意图

离子为激活剂或者发光中心。还存在另一种离子，本身能吸收激发能，电子从基态跃迁到激发态，但是随后并不发生电子返回基态的发光，而是将部分或全部能量传递给第二个离子，本身跃迁到较低的激发态甚至返回基态。接受能量后的第二个离子被激发到高能态，当其返回基态时即可实现上转换发光。图 1-5 是上转换能量传递过程示意图，敏化剂离子受到激发，从基态 E_1 能级跃迁到 E_2 能级，将能量传递给激活剂离子，然后通过无辐射弛豫的方式回到基态。激活剂离子从基态 E_3 能级跃迁到激发态能级 E_4，同时还可以通过第二次能量传递继续跃迁到更高激发态能级 E_5，处于激发态能级的电子通过无辐射跃迁的方式回到基态能级。该种能量传递方式称为连续能量传递。

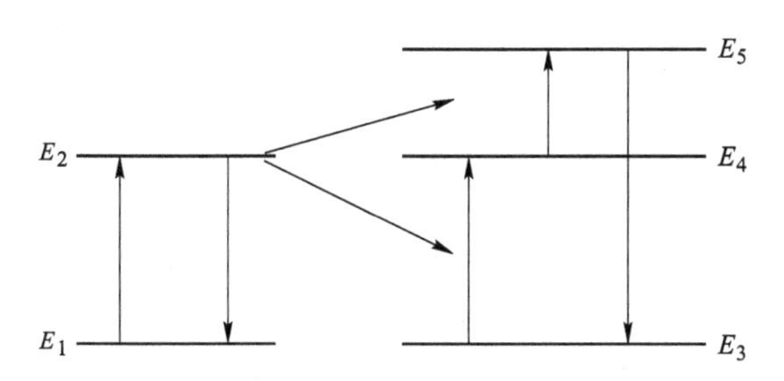

图 1-5 上转换能量传递过程示意图

（3）光子雪崩：发生在具有特殊电子能级结构的体系中，该过程是激发态吸收和能量传递过程的结合。如图 1-6 所示，处于基态能级的电子吸收能量，从基态 E_1 跃迁到亚稳态能级 E_2，然后 E_2 能级上的离子吸收能量后被激发到 E_3 能级，最后处于 E_3 和 E_1 能级上的离子之间发生交叉弛豫，将离子积累到 E_2 能级，使 E_2 能级上的离子总数迅速增加，如同雪崩一样，从而发生“雪崩效应”。光子雪崩过程的主要特征：激发波长对应离子某一激发态能级与其上能级的能量差而不是基态能级与其激发态能级的能量差；上转换发光对激发功率有明显的依赖性，低于激发功率阈值时，只存在很弱的上转换发光，而高压激发功率阈值时，上转换发光强度明显增加，激发功率被明显吸收。

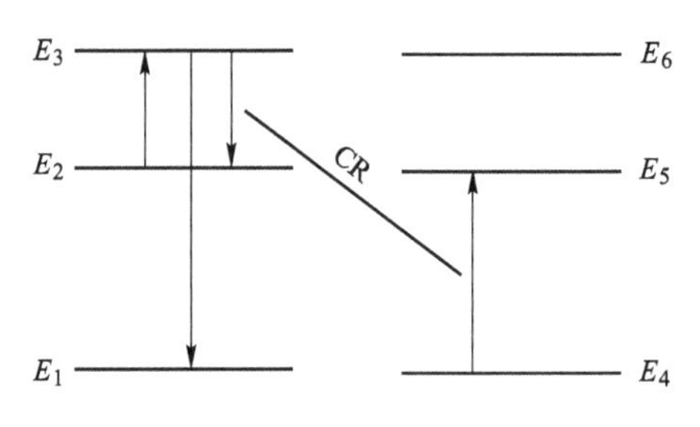

图 1-6 光子雪崩示意图

1.4 发光材料的分类及应用

1.4.1 发光材料的分类

发光材料有多种分类方法，如按发光材料的基体分类，有氧化物发光材料、硅酸盐发光材料、钙钛矿发光材料等；按激发方式分类如光致发光材料、阴极射线发光材料、电致发光材料等。具体介绍如下。

1.4.1.1 按照激发方式的不同分类

（1）光致发光材料。对应英文为 photoluminescence materials，在紫外光、可见光和红外光激发下具有发光现象的材料称为光致发光材料，如 $Y_2O_3:Eu^{3+}$ 荧光粉、YAG 荧光粉等。光致发光材料又可以分为长余辉发光材料、荧光灯用荧光粉和上转换发光材料。长余辉发光材料是一类将紫外光或可见光转换为可见光的发光材料。荧光灯用荧光粉是一类将紫外光转换为可见光的光致发光材料。上转换发光材料是将红外光转换为可见光的光致发光材料。

（2）电致发光材料。对应英文为 electroluminescence materials，在交流或直流电场作用下，依靠电场的激发而发光的材料称为电致发光材料，即将电能直接转换成光能而不产生热的一类材料。电致发光材料主要应用于发光二极管、激光二极管、薄膜型电致发光显示等领域。

（3）阴极射线发光材料。通过阴极射线管产生的高能电子束激发而引起发光的物质被称为阴极射线发光材料。通常电子束激发时，电子所具有的能量是很大的，都在几千电子伏特以上，甚至达到几万电子伏特。可用于各类示波管、显像管等。

（4）X 射线发光材料。X 射线荧光粉的发光过程与光致发光材料不同，而与阴极射线荧光粉相似。当荧光粉受到 X 射线激发时，基质晶格中会产生大量的二次电子，它们间接或直接地激发发光中心，而后发光中心再将所吸收的能量有效地转化为紫外线或可见光辐射。

（5）放射线发光材料。用放射性辐射激发而发光的材料称为放射线发光材料。它是利用发光材料当中掺入的放射性物质蜕变产生的 α、β 带电离子和 γ 射线（中子）激发发光体而产生发光现象。

（6）应力发光材料。应力发光材料是将机械应力加在某种固体材料上而导致发光现象的材料。这种机械应力可以是断裂、摩擦、挤压、撞击等形式。

（7）生物发光材料。在生物体内，由于生命过程的变化，其相应的生化反应释放的能量激发发光物质所产生的发光，被称为生物发光。利用生物发光相关原理进行发光的材料称为生物发光材料。

另外还包括热释发光、声发光、化学发光等。值得注意的是，同一种材料有可能被多种激发源激发，如可以既为光致发光材料也为阴极射线发光材料，既有光致发光性能也有摩擦发光性能。其中光致发光材料为研究最广泛的发光材料之一，本书所介绍的材料主要指光致发光材料。

1.4.1.2 按照发光寿命的不同分类

发光材料按照发光寿命的不同分类如下[31]：

（1）激活剂吸收能量后，激发态的寿命极短，一般大约仅 10^{-8}s 就自动回到基态而放出光子，这种发光现象称为荧光。撤去激发源后，荧光立即停止。

（2）被激发的物质在切断激发源后仍能继续发光，这种发光现象称为磷光。有时磷光能持续几十分钟甚至数小时，这种发光物质就是通常所说的长余辉材料。

1.4.1.3 按稀土离子存在位置分类

稀土离子作为激活剂。以稀土离子作为激活剂的发光体是稀土发光材料中最主要的一类，根据基质材料的不同又可分为两种情况：一种是材料基质为稀土化合物，如 $Y_2O_3:Eu^{3+}$；另一种是材料基质为非稀土化合物，如 $SrAl_2O_4:Eu^{2+}$。可以作为激活剂的稀土离子主要是 Gd^{3+} 两侧的 Sm^{3+}、Eu^{3+}、Eu^{2+}、Tb^{3+} 和 Dy^{3+}，其中应用最多的是 Eu^{3+} 和 Tb^{3+}。Tb^{3+} 是常见的绿色发光材料的激活离子，Eu^{3+} 是常见的红色发光材料的激活离子。另外，Pr^{3+}、Nd^{3+}、Ho^{3+}、Er^{3+}、Tm^{3+} 和 Y^{3+} 可作为上转换材料的激活剂或敏化剂。可以通过选择基质的化学组成，添加适当的阳离子或阴离子，改变晶体场对 Eu^{3+} 的影响，制备出特定波长的新型荧光体，提高荧光体的发光效率。这类发光材料具有广泛的应用。

稀土化合物作为基质材料，常见的可作为基质材料的稀土化合物有 Y_2O_3、La_2O_3、Gd_2O_3 等，也可以稀土与过渡族元素共同构成的化合物作为基质材料（如 YVO_4）。

1.4.2 发光材料的应用

稀土发光材料在诸多领域均有较好的应用，如传统的照明、显示及最近发展起来的防伪、生物标记、光学测温等。探测方面的医学 X 射线影像探测、X 射线增感屏等，安全消防方面的指示牌、国防军工方面的红外探测、雷达、夜视仪等使用大量的发光材料也进行着产品的更新。本小节主要就发光材料在照明与显示及光学测温领域的应用进行简单介绍。

1.4.2.1 照明与显示

照明与显示是稀土发光材料的两大重要应用领域。随着照明及显示器件的更新换代，与其配套的稀土发光材料的发展也是日新月异。在照明领域内，随着国内外对白炽灯取缔政策的实施，以及节能灯市场的逐渐萎缩，绿色节能的白光发光二极管（light emitting diodes，LED）器件已成为照明领域发展的新方向，因此业界研究热点已转移到开发新型高效白光 LED 用发光材料[1]。LED 芯片+荧光粉的组合方式是当前实现白光发射采用的主要策略，即荧光粉转换型白光发射二极管（pc-WLED），它是固体照明的重要光源。与白炽灯及荧光灯相比，白光 LED 灯具有显著优势：体积小（可多芯片多种组合，可单一芯片与发光材料多种组合）、发热量小（无热辐射）、耗电量低（供电电压低、启动电流小）、使用寿命长、响应速度快（可高频操作）、环保（耐振、耐冲击、不易破碎、废弃物可回收、无污染、无毒害）、可平面封装及产品易于轻薄化、小型化[4]。白光 LED 灯的发展目标是取代传统照明灯具。芯片的生产工艺目前已经很成熟，因此荧光粉的开发研究成为热点，所用荧光粉性能的优劣直接决定了 pc-WLED 器件的品质。

在显示领域内，随着平板显示和数字高清技术的快速发展，液晶显示（liquid crystal display，LCD）及等离子体显示（plasma display panel，PDP）等平板电视正快速取代传统的阴极射线显示（cathode ray tube，CRT）电视，成为市场上的主流产品。近年来，国内外涌现出大量新型高效的冷阴极荧光灯管（cold cathode fluorescent lamp，CCFL）和 LED 背光源以及三维立体（three-dimension，3D）显示用发光材料。节能绿色照明以及信息显示是当前国内外的重点发展方向，发光材料的性能直接影响着这些领域应用器件或材料的性能指标[1]。

1.4.2.2 光学测温技术

A 接触式测温技术

温度是一个重要的热力学参数，在医学、工业生产、科学研究和日常生活等领域有着至关重要的作用[32-33]。传统的温度测量方法是接触式测温，以下举例几种接触式测温方法及其原理。膨胀式温度计是基于固体、液体、气体的热胀冷缩原理；热电阻式温度计是通过对温度的测量转化成对电阻的测量，其原理是导体或者半导体的电阻值随着温度的变化而变化；热电偶式温度计是通过对温度的测量转化成对电势的测量，其原理是热电效应。接触式测温方法测温准确度相对较高，便于多点接触测量和自动控制，缺点是灵敏度低，响应时间有限，不能应用于某些恶劣的环境中[34]。

B 非接触式测温技术

在目前的一些科学研究和技术应用中，对温度的快速响应、高灵敏度、高空间分辨率的精确控制与测量极其重要[35]，因此，非接触式测温技术受到了广泛的关注。基于发光特性的光学温度传感器可应用于非接触式测温，通过检测与温度相关的光学参数如发射峰的位置、荧光强度、荧光寿命（FL）和荧光强度比（FIR）来实现温度测量[36]。

（1）基于荧光强度比（FIR）测温模式的非接触式测温方法被认为是具有应用前景的一种测温方法，该方法中温度的测试是通过随温度变化的热耦合能级对应的两个发射峰的强度比，因此高的温度灵敏度和两个可区分的发射峰是荧光强度比（FIR）测温的关键，FIR 技术是通过热耦合能级（TCLs）实现的，热耦合能级的能量差 ΔE 须介于 $200\sim2000\text{cm}^{-1}$，较小的能量差（小于 200cm^{-1}）可能会引起较大的误差，导致温度读数不准确[37]，较大的能量差会观察不到热耦合效应，因此，选择具有适当热耦合能级的稀土离子至关重要。目前已经报道的稀土离子的热耦合能级有：Er^{3+}（$^4S_{3/2}$ 和 $^2H_{11/2}$），Pr^{3+}（$^3P_0$ 和 $^3P_1$），Tm^{3+}（$^3F_{2,3}$ 和 $^3H_4$），Ho^{3+}（$^5F_{2,3}$ 和 $^3K_8$，$^4F_1$ 和 $^5G_6$），Dy^{3+}（$^4F_{9/2}$ 和 $^4I_{15/2}$），Eu^{3+}（$^5D_0$ 和 $^5D_1$）。

（2）基于荧光寿命（FL）的非接触式测温技术依据的是荧光粉的荧光寿命随温度的变化。相对于荧光强度来说，荧光寿命更容易测量，且荧光寿命只受温度的影响，与发光材料的尺寸、激发光的功率等因素无关。荧光寿命测温只需要一次发射，从而避免了近距离或重叠光谱发射的影响，荧光寿命的高温灵敏度可用于精确测温，但需要选择合适的发射中心。

（3）基于发射峰位置的非接触式测温技术通过发射峰位置随温度变化而发生偏移进行测温。温度使晶体的晶体场发生变化，但是这种变化性能依赖于基质的晶体场，并不是所有的基质都具有温度依赖特性。因此基于发射峰位置应用于非接触式测温不具有通用性。

（4）荧光强度。基于温度引起的发光强度变化，常应用于单跃迁发射强度的光学温度传感器。温度变化引起的荧光强度变化易于检测，但其由于探针、激发功率或检测功率的变化而产生误差，因此基于荧光强度测温的方法不适用于精确测温。

参 考 文 献

[1] 中国有色金属工业协会专家委员会. 中国稀土 [M]. 北京：冶金工业出版社，2015.

[2] 洪广言，庄卫东. 稀土发光材料 [M]. 北京：冶金工业出版社，2016.

[3] 郑子樵，李红英. 稀土功能材料 [M]. 北京：化学工业出版社，2003.

[4] 肖志国，石春山，罗昔贤. 半导体照明发光材料及应用 [M]. 北京：化学工业出版社，2008.

[5] 洪广言. 稀土发光材料——基础与应用 [M]. 北京：科学出版社，2011.

[6] FERRU G, REINHART B, BERA M K, et al. The Lanthanide contraction beyond coordination chemistry [J]. Chemistry-A European Journal, 2016, 22 (20): 6899-6904.

[7] SHANNON R D. Revised effective ionic radii and systematic studies of interatomie distances in

halides and chaleogenides [J]. Acta Crystallographica, 1976, 32 (5): 751-767.

[8] PASINSKI D, ZYCH E, SOKOLNICKI J. The effect of N^{3-} substitution for O^{2-} on optical properties of YAG: Ce^{3+} phosphor [J]. Journal of Alloys and Compounds, 2016, 668 (25): 194-199.

[9] WANG W, LI Y S, KOU H, et al. Gd_2O_2S: Pr Scintillation ceramics from powder synthesized by a novel carbothermal reduction method [J]. Journal of the American Ceramic Society, 2015, 98 (7): 2159-2164.

[10] YASUDA R, KATAGIRI M, MATSUBAYASHI M. Influence of powder particle size and scintillator layer thickness on the performance of Gd_2O_2S: Tb scintillators for neutron imaging, nuclear instruments and methods in physics research section A: accelerators, spectrometers [J]. Detectors and Associated Equipment, 2012, 680 (11): 139-144.

[11] LI C, CAI W, LIU J, et al. Single-walled carbon nanotube saturable absorber for a diode-pumped passively mode-locked Nd, Y: SrF_2 laser [J]. Optics Communications, 2016, 372 (1): 76-79.

[12] KANG C C, LIU R S, CHANG J C, et al. Synthesis and luminescent properties of a new yellowish-orange afterglow phosphor Y_2O_2S: Ti, Mg [J]. Chemistry of Materials, 2003, 15 (21): 3966-3968.

[13] DENG S Q, XUE Z P, LIU Y L, et al. Synthesis and characterization of Y_2O_2S: Eu^{3+}, Mg^{2+}, Ti^{4+} hollow nanospheres via a template-free route [J]. Journal of Alloys and Compounds, 2012, 542: 207-212.

[14] OGUGUA S N, SWART H C, NTWAEABORWA O M. White light emitting $LaGdSiO_5$: Dy^{3+} nanophosphors for solid state lighting applications [J]. Physica B, 2016, 480: 131-136.

[15] POKHREL M, GANGADHARAN A, SARDAR D. High upconversion quantum yield at low pump threshold in Er^{3+}/Yb^{3+} doped La_2O_2S phosphor [J]. Materials Letters, 2013, 99: 86-89.

[16] KUMAR G A, POKHREL M, SARDAR D K. Intense visible and near infrared upconversion in M_2O_2S: Er (M = Y, Gd, La) phosphor under 1550nm excitation [J]. Materials Letters, 2012, 68: 395-398.

[17] 中国科学院吉林物理所，中国科学技术大学《固体发光》编写组．固体发光 [M]．北京：中国科学院出版社，1976.

[18] BLASSE G, GRABMAIER B C. 发光材料 [M]．陈昊鸿，李江，译．北京：高等教育出版社，2019.

[19] 赵新华，等．固体无机化学基础及新材料的设计合成 [M]．北京：高等教育出版社，2012.

[20] 徐叙瑢．发光材料与显示技术 [M]．北京：化学工业出版社，2003.

[21] 孙家跃，杜海燕，胡文祥．固体发光材料 [M]．北京：化学工业出版社，2003.

[22] RODRIGUEZ-ROJAS R A, DE LA ROSA-CRUZ E, DIAZ-TORRES L A, et al. Preparation, photo- and thermo-luminescence characterization of Tb^{3+} and Ce^{3+} doped nanocrystalline $Y_3Al_5O_{12}$ exposed to UV-irradiation [J]. Optical Materials, 2004, 25 (3): 285-293.

[23] STREK M, DEREN P, BEDNARKIEWICZ A, et al. Emission properties of nanostructured Eu^{3+} doped zinc aluminate spinels [J]. Journal of Alloys and Compounds, 2000, 300: 456-458.

[24] KOTTAISAMY M, HORIKAWA K, KOMINAMI H, et al. Synthesis and characterization of fine particle Y_2O_2S: Eu^{3+} red phosphor at low-voltage excitation [J]. Journal of the Electrochemical Society, 2000, 147 (4): 1612-1616.

[25] WANG D, WANG M. Synthesis, crystal structure and X-ray powder diffraction data of the phosphor matrix $4SrO_7Al_2O_3$ [J]. Journal of Material Science, 1999, 34: 4959.

[26] KAMINSKII A A. Laser crystals: their physics and properties [M]. Berlin, Heidberg: Springer-Verlag, 1981.

[27] TYNER C E, DRICKAMER H G. Studies of luminescence efficiency of Eu^{2+} activated phosphors as a function of temperature and high pressure [J]. Journal of Chemistry Physics, 1977, 67 (9): 4116-4123.

[28] KUMAR A, TIWARI S P, SWART H C, et al. Infrared interceded YF_3: Er^{3+}/Yb^{3+} upconversion phosphor for crime scene and anti-counterfeiting applications [J]. Optical Materials, 2019, 92: 347-351.

[29] HUANG X Y. Synthesis, multicolour tuning, and emission enhancement of ultrasmall LaF_3: Yb^{3+}/Ln^{3+} (Ln = Er, Tm, and Ho) upconversion nanoparticles [J]. Journal of Materials Science, 2016, 51 (7): 3490-3499.

[30] YIN Z Q, YUAN P, ZHU Z, et al. Pr^{3+} doped Li_2SrSiO_4: an efficient visible-ultraviolet C up-conversion phosphor [J]. Ceramics International, 2021, 47 (4): 4858-4863.

[31] 余宪恩. 实用发光材料 [M]. 2版. 北京：中国轻工业出版社，2008.

[32] DONG J C, WANG X X, SONG L N, et al. Two-step synthesis of hole structure bastnasite ($RECO_3F$ RE = Ce, La, Pr, Nd) sub-microcrystals with tunable luminescence properties [J]. Dalton Transactions, 2018, 47 (42): 15061-15070.

[33] WU M, DENG D G, RUAN F P, et al. A spatial/temporal dual-mode optical thermometry based on double-sites dependent luminescence of $Li_4SrCa(SiO_4)_2$: Eu^{2+} phosphors with highly sensitive luminescent thermometer [J]. Chemical Engineering Journal, 2020, 396: 125178.

[34] YANG X N, LI Q H, LI X, et al. Color tunable Dy^{3+}-doped $Sr_9Ga(PO_4)_7$ phosphors for optical thermometric sensing materials [J]. Optical Materials, 2020, 107: 110133.

[35] LUO H Y, LI X Y, WANG X, et al. Highly thermal-sensitive robust $LaTiSbO_6$: Mn^{4+} with a single-band emission and its topological architecture for single/dual-mode optical thermometry [J]. Chemical Engineering Journal, 2020, 384 (15): 123272.

[36] TONG Y, ZHANG W N, WEI R F, et al. $Na_2YMg_2(VO_4)_3$: Er^{3+}, Yb^{3+} phosphors: Up-conversion and optical thermometry [J]. Ceramics International, 2021, 47 (2): 2600-2606.

[37] LIU W G, WANG X J, ZHU Q, et al. Tb^{3+}/Mn^{2+} singly/doubly doped $Sr_3Ce(PO_4)_3$ for multi-color luminescence, excellent thermal stability and high-performance optical thermometry [J]. Journal of Alloys and Compounds, 2020, 829: 154563.

2 发光材料的合成

2.1 概述

同一种稀土发光材料可以通过多种方法制备，然而不同的制备方法对合成材料的形貌、粒径大小、尺寸分布及材料的发光性能产生不同的影响，因此针对不同的发光材料选择合适的材料制备方法尤为重要。目前，针对不同体系材料开发出了多种合成方法，如高温固相法[1]、水热法[2]、沉淀法[3]、溶胶-凝胶法[4]、微波合成法[5]、燃烧法[6]和自牺牲模板法[7]等。以下针对几种较为常见的稀土发光材料的合成方法进行介绍。

2.2 高温固相法

广义来讲，凡是有固相参与的化学反应都可称为固相反应，如固体的热分解、氧化以及固体与固体、固体与液体之间的化学反应等都属于固相反应的范畴。而狭义来讲，固相反应通常指的是固体与固体之间发生化学反应而生成新的固体产物的过程[8]。其主要过程是将原料按照一定比例称重，加入一定量的助溶剂充分研磨均匀，然后在一定的温度、气氛和时间条件下煅烧。固相反应制备多晶粉末时以固态物质为初始原料，固体颗粒直接参与化学反应。固相反应通常包括固体界面原子或离子跨过界面的扩散、原子规模的化学反应、新相成核、新相的长大几个步骤，其中决定固相反应性的两个重要因素是成核的速度和扩散速度，另外，某些添加剂的存在也可能影响固相反应的速率。固相反应是固态物质直接参加的反应，因而反应速率慢是该类反应的特点。高温固相法是合成稀土发光材料应用最早和最多的传统方法，高温固相法具有操作简单、普适性好的优点，采用该方法制备的发光材料具有结晶度高及发光强度强等优点；但也存在反应温度较高，颗粒尺寸较大，产物形貌容易出现团聚现象等缺点。

2.3 水热法

水热法是指在高压反应釜中以水溶液作为反应体系，通过将反应体系加热到（或接近）临界温度产生高压环境，利用大多数反应物在高压下均能溶于水，而在液相或气相中进行无机材料制备的一种方法。该方法反应条件比较温和，能够通过调节反应参数如温度、反应时间、pH 值和加入表面活性剂如柠檬酸、乙二胺四乙酸（EDTA）等[9]对产物的晶粒尺寸、尺寸分布及形貌进行调控。水热法是一种制备均匀、分散性良好的有效和简便合成荧光粉的方法，该方法具有反应温度低、反应条件温和、形貌可控、相纯度高、粒径小等优点；然而在反应过程中，表面活性剂的加入很难通过简单的清洗和煅烧去除，同时有机试剂会对周围环境及实验人员的身体健康产生不利影响。

2.4 溶胶-凝胶法

溶胶-凝胶法是制备各种功能材料和结构材料的重要方法，采用特定的前驱体材料在一定的条件下水解，形成溶胶，通过后续溶剂挥发及加热处理，使溶胶转变为网状结构的凝胶，然后经过适当的处理工艺形成纳米材料的一种方法。该方法具有反应温度低、煅烧时间短、产物颗粒均匀等优点，但也存在原料价格昂贵、反应过程中需要加入有机试剂、危害环境等缺点。

2.5 燃烧法

燃烧法又称自蔓延高温合成，是利用反应生成产物时释放的热量和产生的高温使反应过程持续进行直至反应结束，从而在较短的时间内制备所需化合物。该方法的主要原理是将反应原料制成相应的硝酸盐，加入作为燃料的还原剂（尿素），在一定温度下加热几分钟，经过剧烈的氧化还原反应，产生大量的气体，进而燃烧，燃烧产物即所制备的化合物，燃烧过程中产生的气体还可以充当还原保护气氛。在反应过程中，原料混合非常均匀，反应速度较快，避免了颗粒的生长，有利于获得纳米级颗粒。燃烧法是一种具有应用前景的发光材料制备方法，与高温固相法相比，其最大的优点是快速和节能，但是产物的纯度和发光性能还有待提高。

2.6 沉淀法

沉淀法通常是在溶液状态下将不同化学成分的物质混合，在混合液中加入适当的沉淀剂制备前驱体沉淀物，再将沉淀物进行干燥或灼烧，从而制得相应的粉体颗粒。根据沉淀方式的不同可分为直接沉淀法、共沉淀法和均相沉淀法三种。与其他一些传统无机材料制备方法相比，沉淀法具有如下优点：工艺与设备都较为简单，可以精确控制各组分的含量，纯度、颗粒大小、晶粒大小、分散性和相组成可控，样品烧结温度低、致密、性能稳定且重现性好。但是沉淀法制备粉体有可能形成严重的团聚结构，从而破坏粉体的特性。沉淀法是制备材料的湿化学方法中工艺简单、成本低、所得粉体性能良好的一种方法。

2.7 喷雾热解法

喷雾热解法是制备球形发光粉最有效和普遍的方法。这种方法起源于 20 世纪 60 年代初期，近年来在无机物制备、催化剂及陶瓷材料制备等方面都得到了广泛的应用。喷雾热解过程一般分为两个阶段：第一个阶段是从液滴表面进行蒸发，类似于直接加热蒸发。随着溶剂的蒸发，溶质出现过饱和状态，从而在液滴底部析出细微的固相，再逐渐扩展到液滴的四周，最后覆盖液滴的整个表面，形成一层固相壳层；液滴干燥的第二个阶段比较复杂，包括形成气孔、断裂、膨胀、皱缩和晶粒“发毛”生长。该法的优点为产物组成可控、产物的形态和性能可控、操作简单，因而有利于工业放大。在整个过程中无须研磨，可避免引入杂质和破坏晶体结构，从而保证产物的高纯度和高活性。缺点是产物多为空心、多孔颗粒，而且粒径分布较宽，影响荧光粉的发光效率。

2.8 微波合成法

微波合成法（microwave radiation method，MRM）是近 10 年来迅速发展起来的一种新的实验方法，微波加热是材料在电磁场中由于介电损耗而引起的体内加热合成方法，其加热方式不同于辐射、对流、传导等三种由表及里的传统方式[36]。目前采用微波技术合成稀土发光材料的主要方法有微波固相合成法、溶胶-凝胶微波法、微波等离子法等。微波合成法制备发光材料具有其他合成方法不可比拟的优点：设备简单，操作简便，副反应少，产物相对单纯；加热速度快、节能省时；改进合成材料的结构与性能；热惯性小，利于实现加热过程的自动化控制及改善工作环境和工作条件等。但是也存在一定缺陷，如微波合成法的原料多为难以吸收微波的氧化物，须在原料外覆盖微波吸收物质，才能有效地利用微波，但会因此影响合成效果等。

2.9 自牺牲模板法

模板法是一种合成新型材料的重要方法，相对于传统的合成方法，模板法的优势在于设计具有良好形貌的模板，再将模板的形貌继承到产物中去。模板法具有方法简单、操作方便、成本低廉等优点。通常分为硬模板法、软模板法和自牺牲模板法。

硬模板法通常先根据目标产物的形貌设计模板，然后修正模板，再将模板沉淀到产物上，最后通过腐蚀或热处理的方式将模板去除，理想情况下所得材料可保持原来模板的微观形貌。硬模板法常被用来制备纳米结构，它可以通过设计模板来调节产物的尺寸和形貌，但由于模板很难被完全去除，产物中会有模板残留导致纯度不够，并且模板去除过程较为繁琐，通常需要强酸或者强碱来腐蚀模板，容易破坏模板内的结构，同时也增加了合成工艺的流程。

软模板法一般以两亲分子的有序聚合物作为模板，如液晶、胶团、微乳状液、自组装膜等，以及高分子组织的自组织结构和生物大分子等。相比于硬模板法，其最大的优势在于模拟生物矿方面有绝对优势，但软模板法在控制材料的尺寸和形状方面要弱于硬模板法。

自牺牲模板法可用于多种化合物的可控形成，是通过提前制备的模板与阴离子源在适当条件下反应制备目标产物的一种方法。在反应过程中，模板不仅可以作为反应物提供反应过程中所需要的稀土源，还可以控制反应产物的形貌，不需要加入表面活性剂对形貌进行调控。在反应过程中，模板被逐渐消耗，避免了模板的去除[10]，此外该方法操作简单且具有良好的通用性。

镧系氢氧化物常被用作自牺牲反应的模板，2009 年，Li 等[11]通过水热法制备了 $RE(OH)_3$ 化合物作自牺牲反应的模板，在适当条件下通过自牺牲反应成功制备了具有纳米线或纳米棒形貌的 β-$NaREF_4$ 化合物并研究了其发光性能。2016 年，You 等[12]选择层状稀土氢氧化物 $Y_2(OH)_5NO_3 \cdot nH_2O$ 作为自牺牲反应的模板，成功制备了分散性良好的具有微米或纳米尺寸的 β-$NaREF_4$ 化合物。2017 年，You 等[13]选择 $Y(OH)CO_3 \cdot xH_2O$ 化合物作为模板，制备了 YF_3 化合物。2018 年，You 等[14]通过 $Y_4O(OH)_9NO_3$ 前驱体成功制备了分散性良好的 YOF 化合物。Wang 等[15-17]选择 $RE_2(OH)_4SO_4 \cdot 2H_2O$ 作为自牺牲反应的模板，成功制备了 t-$LaVO_4$:Eu，$NaRE(WO_4)_2$ 和 LaF_3:Yb/RE（RE=Ho,Er）等化合物；Zhang、Yang 和 Jia 等[18-21]选择 $Gd(OH)CO_3$/$Y(OH)CO_3$ 作为自牺牲反应的模板，成功制备了 $GdPO_4$/YPO_4、YVO_4 和 YVO_4/YPO_4/$NaYF_4$ 等化合物。由于模板作为反应物参与到化学反应的过程中且能控制产物的形貌，表 2-1 整理了文献中已经报道的镧系氢氧化物作为自牺牲反应的模板反应所得产物的形貌以及模板中 OH^- 与 RE^{3+}的摩尔比，通过观察不同模板所获得的产物形貌各不相同，然而具有最低 OH^-与 RE^{3+}摩尔比的 $RE(OH)CO_3$ 模板反应所得的产物的形貌均为球形。镧系氢氧化物模板在反应过程中会逐渐释放 OH^-到溶液中，由于溶液中存在化学反应平衡，因此较高 OH^-含量会降低化学反应速度。

表 2-1 目前氢氧化物模板及所得化合物总结

模板	*R*	所得化合物	参考文献
$Gd(OH)_3$	3	$NaGdF_4/GdF_3$	[22]
$Gd(OH)_3$	3	$GdBO_3$	[23]
$RE(OH)_3$	3	LaF_3:RE	[24]
$M(OH)_3$	3	$NaMF_4$	[25]
$RE(OH)_{2.94}(NO_3)_{0.06} \cdot nH_2O$	2.94	YVO_4:RE	[25]
$Gd_2(OH)_5NO_3 \cdot 0.9H_2O$	2.5	GdOF:0.05Eu^{3+}, Tb^{3+}	[26]
$Gd_2(OH)_5(NO_3) \cdot 1.06H_2O$	2.5	β-$NaGdF_4$	[27]
$RE_2(OH)_5NO_3 \cdot nH_2O$	2.5	$(Y_{0.95}Eu_{0.05})PO_4$	[28]

续表 2-1

模板	R	所得化合物	参考文献
$(Y_{1-x}Eu_x)_2(OH)_5NO_3 \cdot nH_2O$	2.5	$(Y_{1-x}Eu_x)PO_4$	[29]
$RE_2(OH)_5NO_3 \cdot nH_2O$	2.5	$RE(OH)_{1.57}F_{1.43}$ $NH_4RE_3F_{10}/NH_4RE_2F_7$	[30]
$RE_2(OH)_5NO_3 \cdot nH_2O$	2.5	$RE(OH)_{3-x}F_x/K_5RE_9F_{32}$	[31]
$Y_2(OH)_5Cl \cdot nH_2O$	2.5	YVO_4:Eu	[32]
$Y_2(OH)_5Cl \cdot 1.5H_2O$	2.5	$Y(OH)_{2.02}F_{0.98}$	[33]
$Y_4O(OH)_9NO_3$	2.25	$YPO_4:RE^{3+}$(RE=Eu,Tb)	[34]
$Lu_4O(OH)_9NO_3$	2.25	$NaLuF_4$	[35]
$Lu_4O(OH)_9NO_3$	2.25	$LuBO_3$	[36]
$Y_4O(OH)_9NO_3$	2.25	$YOF:RE^{3+}$	[36]
$RE_2(OH)_4SO_4 \cdot 2H_2O$	2	t-$LaVO_4$:Eu	[15]
$RE_2(OH)_4SO_4 \cdot 2H_2O$	2	$NaRE(WO_4)_2$	[16]
$RE_2(OH)_4SO_4 \cdot 2H_2O$	2	LaF_3:Yb/RE(RE=Ho,Er)	[17]
$Gd(OH)CO_3$	1	$GdPO_4:Eu^{3+}$	[18]
$Y(OH)CO_3:Eu^{3+}$	1	$YPO_4:Eu^{3+}$	[19]
$Y(OH)CO_3:Eu^{3+}$	1	$YVO_4:Eu^{3+}$	[20]
$La(OH)CO_3$	1	$LaF_3/LaCO_3F$	[37]
$Y(OH)CO_3 \cdot xH_2O$	1	RE F_3/ RE OF	[38]
$Y(OH)CO_3$	1	$YVO_4/YPO_4/NaYF_4$	[21]

注：R 为 OH^- 与 RE^{3+} 的摩尔比。

参考文献

[1] LIU L, ZHANG J X, WANG X L, et al. Preparation and fluorescence properties of a Cr^{3+}: gamma-AlON powder by high temperature solid state reaction [J]. Materials Letters, 2020, 258: 126811.

[2] YU G Y, WU X Y, YAN G Q, et al. Crystal phase, morphology evolution and luminescence properties of Eu^{3+}-doped $BiPO_4$ phosphor prepared using the hydrothermal method [J]. Luminescence, 2021, 36 (5): 1143-1150.

[3] RIVERA E C E, FERNANDEZ O A L. Synthesis of YVO_4: Eu^{3+} nanophosphors by the chemical coprecipitation method at room temperature [J]. Journal of Luminescence, 2021, 236: 118110.

[4] LIAO J S, HAN Z, HUANG J X, et al. Sol-gel synthesis and optical temperature sensing properties of $PbTiO_3$: Yb^{3+}/Er^{3+} phosphors [J]. Journal of Physics Chemistry of Solids, 2022, 162: 110515.

[5] CUI Z, DENG G W, WANG O, et al. Controllable Synthesis and Luminescence Properties of

Zn_2GeO_4: Mn^{2+} Nanorod Phosphors [J]. Chemistry Select, 2021, 6 (39): 10554-10560.

[6] ZHANG L, ZHANG X F, ZHAO C Y, et al. Crystal structure, luminescence properties and thermal stability of novel $Sr_2CaLa(VO_4)_3$: Sm^{3+} phosphor synthesized by the combustion method [J]. Journal of Alloys and Compounds, 2022, 899: 163378.

[7] YANG J L, HU J, ZHENG Y H, et al. Effective fabrication of lanthanide activated phosphors and photoluminescence studies [J]. Journal of Alloys and Compounds, 2017, 697: 25-30.

[8] 张胤，王青春，徐剑铁，等. 稀土材料制备技术 [M]. 北京：化学工业出版社，2014.

[9] HUANG S H, WANG D, LI C X, et al. Controllable synthesis, morphology evolution and luminescence properties of $NaLa(WO_4)_2$ microcrystals [J]. CrystEngComm, 2012, 14 (6): 2235.

[10] XU Z H, LI C X, YANG D M, et al. Self-templated and self-assembled synthesis of nano/microstructures of Gd-based rare-earth compounds: morphology control, magnetic and luminescence properties [J]. Physical Chemistry Chemical Physics, 2010, 12 (37): 11315-11324.

[11] LI G G, LI C X, XU Z H, et al. Facile synthesis, growth mechanism and luminescence properties of uniform $La(OH)_3$: Ho^{3+}/Yb^{3+} and La_2O_3: Ho^{3+}/Yb^{3+} nanorods [J]. CrystEngComm, 2010, 12 (12): 4208-4216.

[12] FENG Y, SHAO B Q, SONG Y, et al. Fast synthesis of beta-$NaYF_4$: Ln^{3+}(Ln=Yb/Er, Yb/Tm) upconversion nanocrystals via a topotactic transformation route [J]. CrystEngComm, 2016, 18 (39): 7601-7606.

[13] SHAO B Q, FENG Y, ZHAO S, et al. Phase-tunable synthesis of monodisperse YPO_4: Ln^{3+}(Ln=Ce, Eu, Tb) micro/nanocrystals via topotactic transformation route with multicolor luminescence properties [J]. Inorganic Chemistry, 2017, 56 (11): 6114-6121.

[14] YUAN S W, SHAO B Q, FENG Y, et al. A novel topotactic transformation route towards monodispersed YOF: Ln^{3+} (Ln = Eu, Tb, Yb/Er, Yb/Tm) microcrystals with multicolor emissions [J]. Journal of Materials Chemistry C, 2018, 6 (34): 9208-9215.

[15] WANG X J, DU P P, LIU W G, et al. Organic-free direct crystallization of t-$LaVO_4$: Eu nanocrystals with favorable luminescence for LED lighting and optical thermometry [J]. Journal of Materials Research and Technology, 2020, 9 (6): 13273.

[16] WANG X J, SUN M, ZHU Q, et al. Synthesis of $NaLn(WO_4)_2$ phosphors via a new phase-conversion protocol and investigation of up/down conversion photoluminescence [J]. Advanced Powder Technology, 2020, 31 (10): 4231-4240.

[17] WANG X J, HU Z P, SUN M, et al. Phase-conversion synthesis of LaF_3: Yb/RE(RE=Ho, Er) nanocrystals with $Ln_2(OH)_4SO_4 \cdot 2H_2O$ type layered compound as a new template, phase/morphology evolution, and upconversion luminescence [J]. Journal of Materials Research and Technology, 2020, 9 (5): 10659-10668.

[18] ZHANG L H, YIN M L, YOU H P, et al. Mutifuntional $GdPO_4$: Eu^{3+} hollow spheres: synthesis and magnetic and luminescent properties [J]. Inorganic Chemistry, 2011, 50 (21): 10608-10613.

[19] ZHANG L H, JIA G, YOU H P, et al. Sacrificial template method for fabrication of submicrometer-sized YPO_4: Eu^{3+} hierarchical hollow spheres [J]. Inorganic Chemistry, 2010, 49 (7): 3305-3309.

[20] YANG X Y, ZHANG Y, XU L, et al. Surfactant-free sacrificial template synthesis of submicrometer-sized YVO_4: Eu^{3+} hierarchical hollow spheres with tunable textual parameters and luminescent properties [J]. Dalton Transactions, 2013, 42 (11): 3986.

[21] JIA Y, SUN T Y, WANG J H, et al. Synthesis of hollow rare-earth compound nanoparticles by a universal sacrificial template method [J]. CrystEngComm, 2014, 16 (27): 6141-6148.

[22] XU Z H, LI C X, YANG D M, et al. Self-templated and self-assembled synthesis of nano/microstructures of Gd-based rare-earth compounds: morphology control, magnetic and luminescence properties [J]. Physical Chemistry Chemical Physics, 2010, 12 (37): 11315-11324.

[23] LV R C, YANG G X, HE F, et al. LaF_3: Ln mesoporous spheres: controllable synthesis, tunable luminescence and application for dual-modal chemo-/photo-thermal therapy [J]. Nanoscale, 2014, 6 (24): 14799-14809.

[24] ZHANG F, ZHAO D Y. Synthesis of uniform rare earth fluoride ($NaMF_4$) nanotubes by in situ ion exchange from their hydroxide [$M(OH)_3$] parents [J]. ACS nano, 2009, 3 (1): 159-164.

[25] HUANG S, WANG Z H, ZHU Q, et al. A new protocol for templated synthesis of YVO_4: Ln luminescent crystallites (Ln = Eu, Dy, Sm) [J]. Journal of Alloys and Compounds, 2019, 776: 773-781.

[26] SHAO B Q, FENG Y, JIAO M M, et al. A two-step synthetic route to GdOF: Ln^{3+} nanocrystals with multicolor luminescence properties [J]. Dalton Transactions, 2016, 45 (6): 2485-2491.

[27] ZHAO L F, TAO Y, YOU H P. Low temperature surfactant-free synthesis of monodisperse β-$NaGdF_4$ nanorods by a novel ionexchange process and their luminescence properties [J]. CrystEngComm, 2017, 19 (15): 2065-2071.

[28] WANG Z H, LI J G, ZHU Q, et al. Hydrothermal conversion of layered hydroxide nanosheets into $(Y_{0.95}Eu_{0.05})PO_4$ and $(Y_{0.96-x}Tb_{0.04}Eu_x)PO_4$ (x = 0-0.10) nanocrystals for red and color-tailorable emission [J]. RSC Advances, 2016, 6 (27): 22690-22699.

[29] WANG Z H, LI J G, ZHU Q, et al. Sacrificial conversion of layered rare-earth hydroxide (LRH) nanosheets into $(Y_{1-x}Eu_x)PO_4$ nanophosphors and investigation of photoluminescence [J]. Dalton Transactions, 2016, 45 (12): 5290-5299.

[30] LI J, LI J G, ZHU Q, et al. Room-temperature fluorination of layered rare-earth hydroxide nanosheets leading to fluoride nanocrystals and elucidation of down-/up-conversion photoluminescence [J]. Materials and Design, 2016, 112: 207-216.

[31] LI J, WANG X J, ZHU Q, et al. Interacting layered hydroxide nanosheets with KF leading to Y/Eu hydroxyfluoride, oxyfluoride, and complex fluoride nanocrystals and investigation of photoluminescence [J]. RSC Advances, 2017, 7: 53032-53042.

[32] KANG B, KIM H, BYEON S H. In situ immobilization of YVO_4: Eu phosphor particles on a film of vertically oriented $Y_2(OH)_5Cl \cdot nH_2O$ nanosheets [J]. Chemical Communications, 2020, 56 (84): 12745-12748.

[33] DONG J C, WANG X X, XIONG H L, et al. A novel synthetic route towards monodisperse yttrium hydroxide fluoride by anion exchange and luminescence properties [J]. Optics and Laser Technology, 2019, 111: 372-379.

[34] XIONG H L, DONG J C, YANG J F, et al. Facile hydrothermal synthesis and multicolortunable luminescence of YPO_4: Ln^{3+} (Ln = Eu, Tb) [J]. RSC Advance, 2016, 6 (100): 98208-98215.

[35] JIA G, YOU H P, SONG Y H, et al. Facile chemical conversion synthesis and luminescence properties of uniform Ln^{3+} (Ln = Eu, Tb)-doped $NaLuF_4$ nanowires and $LuBO_3$ microdisks [J]. Inorganic Chemistry, 2009, 48 (21): 10193-10201.

[36] YUAN S W, SHAO B Q, FENG Y, et al. A novel topotactic transformation route towards monodispersed YOF: Ln^{3+} (Ln = Eu, Tb, Yb/Er, Yb/Tm), microcrystals with multicolor emissions [J]. Journal of Materials Chemistry C, 2018, 6 (34): 9208.

[37] LV R C, GAI Y L, DAI F. Surfactant-free synthesis, luminescent properties, and drug-release properties of LaF_3 and $LaCO_3F$ hollow microspheres [J]. Inorganic Chemistry, 2014, 53 (2): 998-1008.

[38] ZHAO S, SHAO B Q, FENG Y, et al. Facile synthesis of lanthanide (Ce, Eu, Tb, Ce/Tb, Yb/Er, Yb/Ho, and Yb/Tm)-doped LnF_3 and LnOF porous sub-microspheres with multicolor emissions [J]. Chemistry Asian Journal, 2017, 12 (23): 3046-3052.

3 稀土氟化物/氟氧化物的合成及发光

3.1 稀土氟化物（$(La_{0.95}RE_{0.05})F_3$（RE=Eu、Tb 和 Sm）荧光粉的合成以及下转换发光性能研究

3.1.1 稀土氟化物荧光粉概述

在各种氟化物基质中，LnF_3 纳米粒子由于低的非辐射衰减率和高的辐射发射率，与其他发光材料相比表现出一些明显的优势，这是由于晶体晶格的声子能量很低，可以减少激发态的淬灭。这些掺杂三价镧系离子的化合物具有突出的发光特性，如高发光，量子产率、窄带宽、长寿命发射和大斯托克斯位移。掺杂稀土离子的氟化物已广泛应用于激光、光通信、显示器件等领域。LnF_3 系列中，LaF_3 具有非常低的声子能量（$h\omega$ 约为 $350cm^{-1}$），这是由于其 La—F 键的高离子性，这可以减少非辐射损失并提高量子效率[1]。此外，LaF_3 具有良好的抗热性和耐化学侵蚀性[2]，并且允许其 La^{3+} 位置容易地被其他类型的 Ln^{3+} 取代，因此是用于上转换发光的令人满意的晶格。$NaYF_4$、$NaLaF_4$、LaF_3 和 $NaGdF_4$ 等氟化物可以作为优秀的上转换荧光粉基质，而在共掺杂了镧系离子后的晶格则具有优秀的双光子上转换机制。2017 年，Cheng[3] 等将 $La(NO_3)_3$、$Er(NO_3)_3$ 和 $Yb(NO_3)_3$ 稀土原料和 NaF 按 1∶3 的比例称量，将稀土原料混合后溶解去离子水中，再将混合液滴加到 NaF 溶液中进行搅拌，搅拌后转入水热釜中进行水热反应，水热产物退火后即可制得（$(La,Yb,Er)F_3$ 样品。2019 年，Kumar[4] 等用简单的化学共沉淀方法制备（$(La,Yb,Er)F_3$ 晶体，选取最优浓度组合的 Y_2O_3、Yb_2O_3 和 Er_2O_3 置于一定量盐酸中进行搅拌得到稀土氯化物，将得到的稀土氯化物稀释并置于聚四氟乙烯烧杯中，加入 HF 溶液，进行搅拌、离心，最后加热即可制得样品。

硫酸盐型稀土层状化物 $Ln_2(OH)_4SO_4 \cdot nH_2O$（Ln-241 型）为一种新型稀土层状化合物，它具有特殊的化学配比，其中的 Ln 与 S 的比值恰与稀土硫氧化物 Ln_2O_2S 及稀土含氧硫酸盐 $Ln_2O_2SO_4$ 相同，因此其作为前驱体在稀土硫氧化物 Ln_2O_2S 及稀土含氧硫酸盐 $Ln_2O_2SO_4$ 上/下转换荧光粉中得到了很好的应用。除此之外，Ln-241 型因其层状的二维结构结晶为纳米片微观形貌，并且和其他类稀土层状化合物相比，它具有较低的 OH^- 与 Ln^{3+} 摩尔比，以上优点使其有望成为优

异的自牺牲模板。本小节详述了 Ln-241 型硫酸盐型稀土层状化合物为自牺牲模板，以氟化铵为氟源氟化镧系荧光粉的合成；详细叙述了稀土与氟离子比值、煅烧温度等因素对目标产物成相的影响；并研究了应用非常普遍的下转换稀土离子激活剂三价铕离子、铽离子及钐离子在氟化镧晶格中的光致发光行为，包括激发/发射光谱、色坐标、主要发射峰的荧光衰减行为等。

3.1.2 $(La_{0.95}RE_{0.05})F_3$(RE=Eu、Tb 和 Sm) 荧光粉的合成

$(La_{0.95}RE_{0.05})F_3$(RE=Eu、Tb 和 Sm) 样品的合成步骤如下：将 NH_4F 粉末溶解在 60mL 水中，然后在室温下向其中加入 2mmol 的制备好的 $(La_{0.95}RE_{0.05})_2(OH)_4SO_4 \cdot nH_2O$(RE=Eu、Tb 和 Sm) 241-LRH 模板。磁力搅拌 30min 后，放入水热釜中，在 100℃下反应 24h。通过离心收集最终产物，然后用水洗涤 3 次以除去副产物，用无水乙醇冲洗，并在 70℃空气中干燥 24h，最终得到 $(La_{0.95}RE_{0.05})F_3$(RE=Eu、Tb 和 Sm) 晶体。将得到的 $(La_{0.95}Eu_{0.05})F_3$ 晶体在不同温度下进行煅烧，煅烧温度为 500℃、600℃、700℃、800℃和 900℃，升温速率为 5℃/min，保温时间为 2h，保温结束后随炉冷却。

图 3-1 为水热反应获得 $(La_{0.95}RE_{0.05})_2(OH)_4SO_4 \cdot nH_2O$(RE=Eu、Tb 和 Sm) 模板的 XRD 图谱，发现 3 个样品的模板的各衍射峰的峰位与文献报道的单斜结构硫酸盐型层状化合物 $La_2(OH)_4SO_4 \cdot 2H_2O$[5-6] 一致，图中灰色数字代表 $La_2(OH)_4SO_4 \cdot 2H_2O$ 的衍射峰晶面，可以看出没有其他杂质相衍射峰出现，证

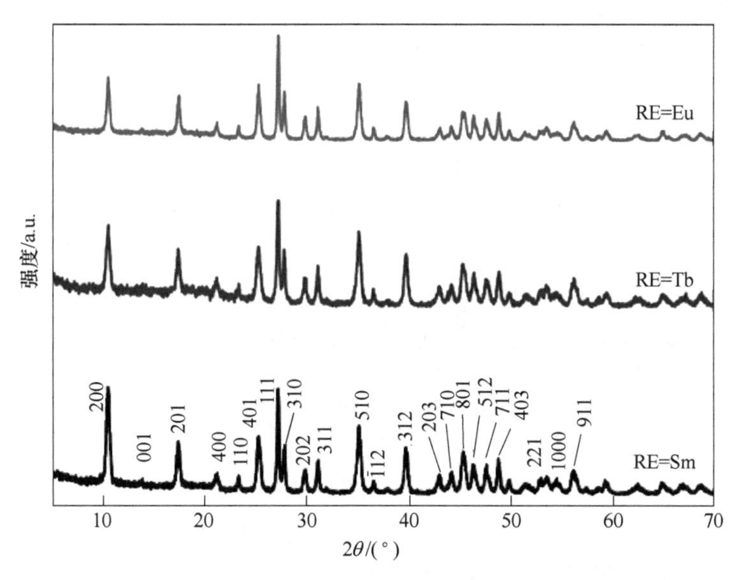

图 3-1 水热条件为 100℃、pH=9、反应 24h 时所得 $(La_{0.95}RE_{0.05})_2(OH)_4SO_4 \cdot nH_2O$(RE=Eu、Tb 和 Sm) 模板的 XRD 图谱

明得到的模板为纯相，可以确定为（$(La_{0.95}RE_{0.05})_2(OH)_4SO_4 \cdot nH_2O$（RE = Eu、Tb、Ce 和 Sm），且衍射峰较为尖锐证明其具有良好的结晶性。

图 3-2 是（$(La_{0.95}Eu_{0.05})_2(OH)_4SO_4 \cdot nH_2O$ 模板和加入不同比例 F^- 反应后产物及层状化合物模板的 XRD 图谱，其中 LaF_3 标卡为JCPDS No.01-074-2415。从图 3-2 中可以看出，当 F^- 与稀土离子的摩尔比低于 3 时，产物为模板和 $(La_{0.95}Eu_{0.05})F_3$ 的混合物，随着 F^- 的增加，产物中的模板含量逐渐减少（图中 * 标记的模板衍射峰强度逐渐降低），而 LaF_3 的含量逐渐增加，当 F^- 与稀土离子的摩尔比高于 3 时，模板全部反应完转换成（$La_{0.95}Eu_{0.05}$）F_3，与六方相的 LaF_3(JCPDS No.01-074-2415）标卡匹配良好。反应过程中并未产生除（$La_{0.95}Eu_{0.05}$）F_3 之外的其他产物。模板与产物的晶体结构不同，模板为单斜晶系，产物 $(La_{0.95}Eu_{0.05})F_3$ 为六方晶系。通常认为当模板与产物的晶体结构不同时，利用自牺牲模板反应获得产物过程中的反应机制为溶解-再析出机制[7]。具体的反应过程如下：(1) 溶解过程，$(La_{0.95}Eu_{0.05})_2(OH)_4SO_4 \cdot 2H_2O \rightarrow 2(La_{0.95}Eu_{0.05})^{3+} + 4OH^- + SO_4^{2-}$，由于溶解过程中羟基的释放，在加入 NH_4F 之后，可随即观察到溶液 pH 值的上升，这也进一步说明反应发生得很迅速。(2) NH_4F 颗粒的溶解，$NH_4F \rightarrow NH_4^+ + F^-$。(3) 再析出过程，$(La_{0.95}Eu_{0.05})^{3+} + 3F^- \rightarrow (La_{0.95}Eu_{0.05})F_3$，$(La_{0.95}Eu_{0.05})F_3$ 的溶解度在所有可能生成的产物中最小，因此发生上述再析出过程。

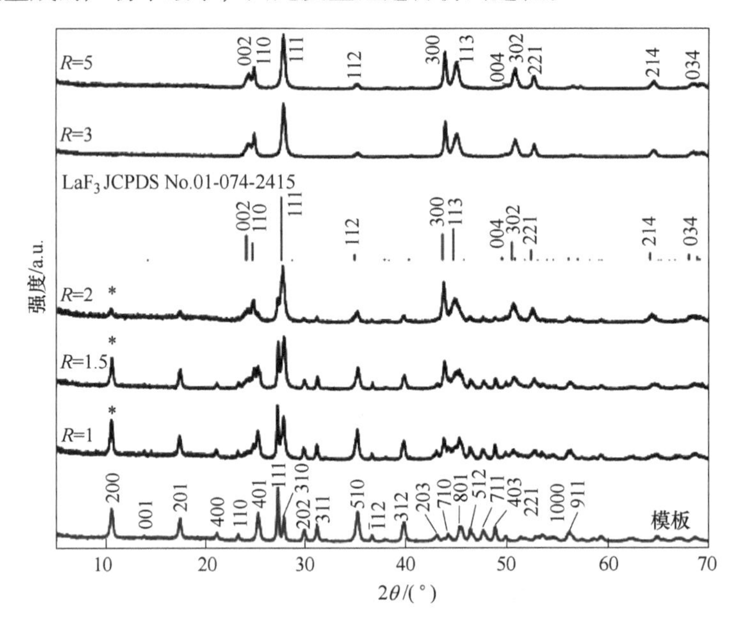

图 3-2 （$La_{0.95}RE_{0.05})_2(OH)_4SO_4 \cdot nH_2O$(RE=Eu) 模板加入 NH_4F 在 100℃下反应 24h 所得产物的 XRD 图谱

（稀土和 F^- 摩尔比分别为 1/1、1/1.5、1/2、1/3 和 1/5）

3.1.3 （$La_{0.95}RE_{0.05}$)F_3(RE=Eu、Tb 和 Sm）荧光粉的下转换发光性能

图 3-3 为（$La_{0.95}Eu_{0.05}$)F_3 晶体激发光谱（a）和发射光谱（b），监控发射波长和激发波长分别是 589nm 和 397nm。由图 3-3（a）可知激发光谱中出现了 6 个

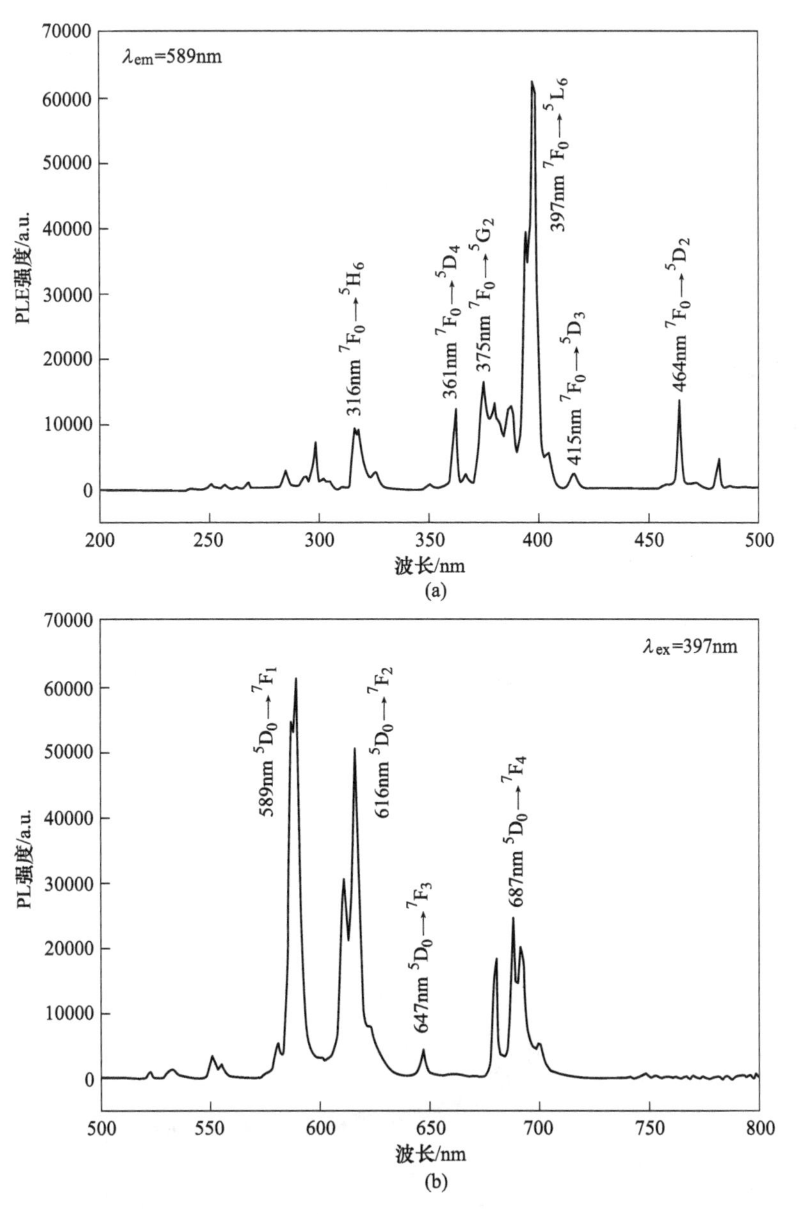

图 3-3 （$La_{0.95}Eu_{0.05}$)F_3 荧光粉的激发光谱（a）及发射光谱（b）

（监控发射波长为 589nm，激发波长为 397nm）

主要激发峰，最强的主激发峰出现在397nm处，归属于Eu^{3+}的$^7F_0 \to ^5L_6$跃迁，其余较弱的激发峰分别是316nm的$^7F_0 \to ^5H_6$跃迁，361nm的$^7F_0 \to ^5D_4$跃迁，375nm的$^7F_0 \to ^5G_2$跃迁，415nm的$^7F_0 \to ^5D_3$跃迁，464nm的$^7F_0 \to ^5D_2$跃迁。在397nm紫外光激发下，发射光谱主要由3个发射峰组成，其中，最高强度的$^5D_0 \to ^7F_1$（589nm）跃迁，中等强度的$^5D_0 \to ^7F_2$（616nm）跃迁，低强度的$^5D_0 \to ^7F_4$（687nm）跃迁。通常Eu^{3+}的$^5D_0 \to ^7F_1$和$^5D_0 \to ^7F_2$跃迁的主导地位与Eu^{3+}所处的晶体场环境中的反演中心有关，若Eu^{3+}处在晶体场环境中的反演中心格位时，则$^5D_0 \to ^7F_1$跃迁占据主导地位，若Eu^{3+}处在晶体场环境中的非反演中心格位时，则$^5D_0 \to ^7F_2$跃迁占据主导地位[8-10]，发射谱中的$^5D_0 \to ^7F_1$（589nm）跃迁占据主导地位，这是因为Eu^{3+}处在LaF_3基质晶格中有反演中心的格位，这也同样说明了掺杂的Eu^{3+}成功替换了La^{3+}而没有改变LaF_3的晶体结构。

图3-4（a）是$(La_{0.95}Eu_{0.05})F_3$荧光粉中主发射峰$^5D_0 \to ^7F_1$（591nm）跃迁的荧光衰减曲线，分析发现该衰减具有单指数函数行为，因此数据可按以下公式进行单指数函数拟合：

$$I = A\exp(-t/\tau) + B \tag{3-1}$$

式中，I为荧光强度；τ为荧光寿命；t为衰减时间；A和B均为常数。拟合后发现$A=831.67$，$B=3.81$，荧光寿命即发射强度衰减到初始强度的1/e时对应的时间为1.36ms。图3-4（b）是$(La_{0.95}Eu_{0.05})F_3$荧光粉在色坐标系中的坐标图，由发射光谱计算得出荧光粉的色坐标为（0.60，0.39），在图中可以看出荧光粉的发光颜色位于典型的橙光区，是因为$^5D_0 \to ^7F_1$（591nm）跃迁在发射光谱中占据了主体地位。

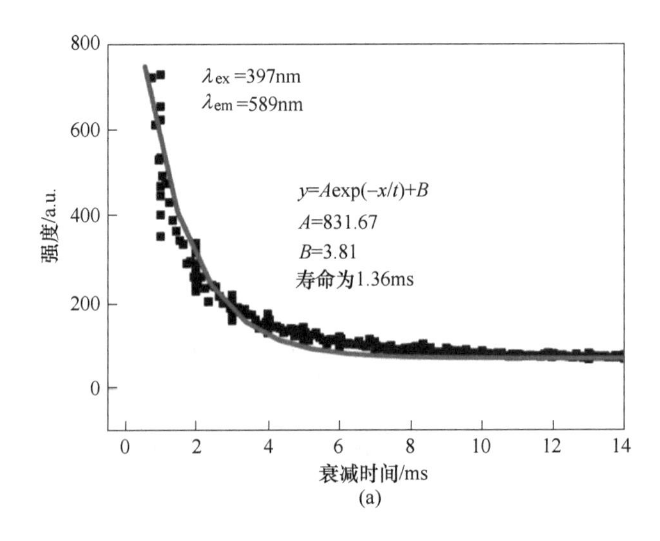

(a)

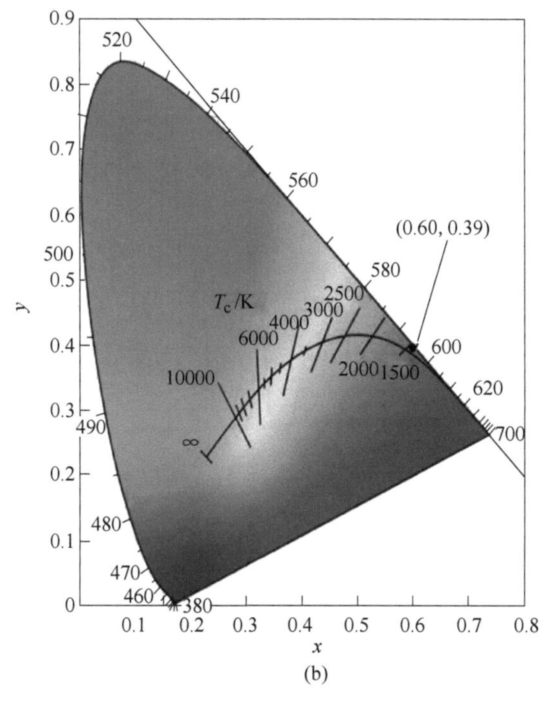

图 3-4 $(La_{0.95}Eu_{0.05})F_3$ 荧光粉的荧光衰减曲线（a）
及 $(La_{0.95}Eu_{0.05})F_3$ 荧光粉在色坐标系中的色坐标（b）

图 3-5 为 $(La_{0.95}Tb_{0.05})F_3$ 晶体激发光谱（a）和发射光谱（b），监控发射波长和激发波长分别是 539nm 和 377nm。由图 3-5（a）可知激发光谱中出现了 6 个主要激发峰，最强的主激发峰出现在 377nm 处，归属于 Tb^{3+} 的 $^7F_6 \rightarrow ^5D_3$ 跃迁，其余较弱的激发峰分别是 317nm 的 $^7F_0 \rightarrow ^5H_7$ 跃迁，341nm 的 $^7F_6 \rightarrow ^5L_8$ 跃迁，351nm 的 $^7F_6 \rightarrow ^5L_9$ 跃迁，358nm 的 $^7F_6 \rightarrow ^5D_2$ 跃迁，369nm 的 $^7F_6 \rightarrow ^5L_{10}$ 跃迁。在 377nm 紫外光激发下，发射光谱中出现了 4 个主要发射峰，其中，最高强度的 $^5D_4 \rightarrow ^7F_5$（539nm）跃迁，其余弱强度的 $^5D_4 \rightarrow ^7F_6$（487nm）跃迁，$^5D_4 \rightarrow ^7F_4$（582nm）和 $^5D_4 \rightarrow ^7F_3$(618nm) 跃迁。

图 3-6（a）是 $(La_{0.95}Tb_{0.05})F_3$ 荧光粉中最强跃迁 $^5D_4 \rightarrow ^7F_5$（539nm）的荧光衰减曲线，分析发现该衰减具有单指数函数行为，因此数据可按单指数函数进行拟合。拟合后发现 $A=986.00$，$B=6.22$，荧光寿命约为 0.87ms。图 3-6（b）是 $(La_{0.95}Tb_{0.05})F_3$ 荧光粉在色坐标系中的坐标图，经过计算得出荧光粉的色坐标为（0.33，0.57），在图中可以看出荧光粉的发光颜色位于典型的绿光区。

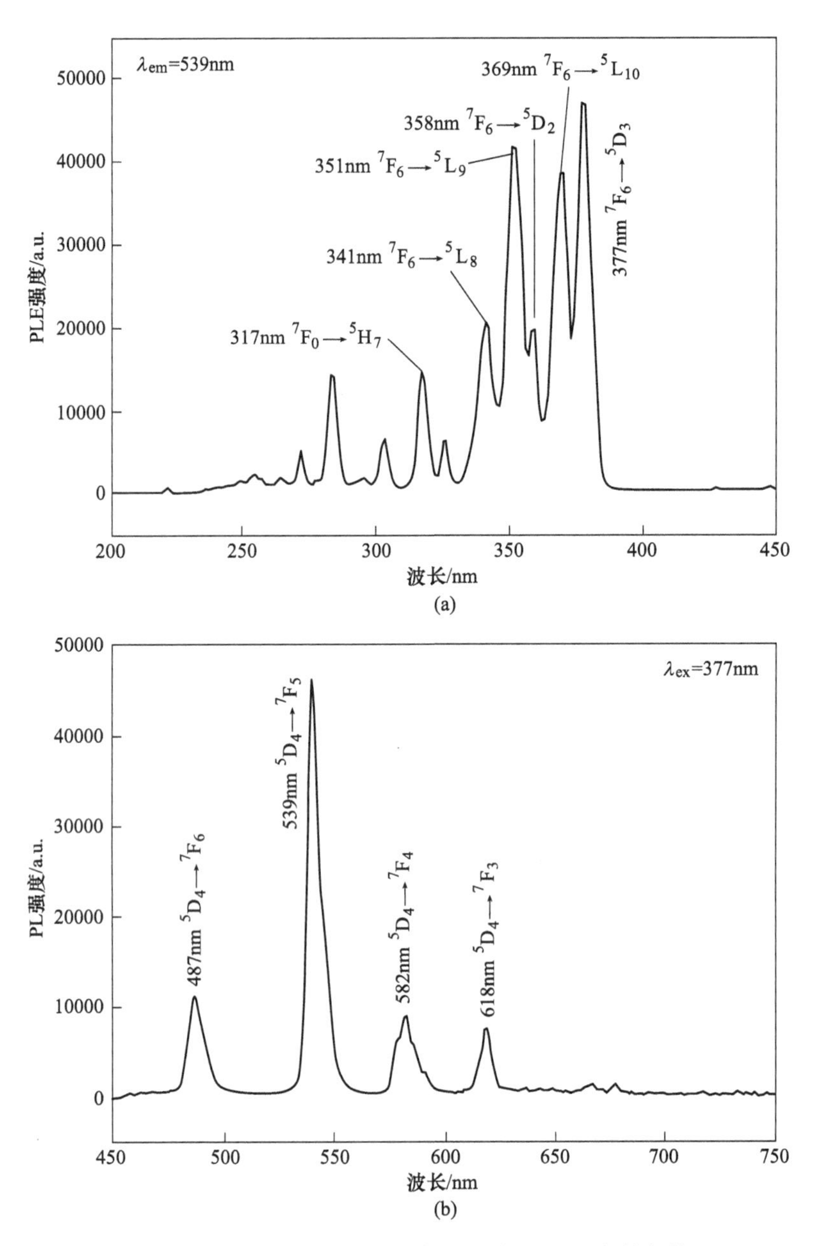

图 3-5 $(La_{0.95}Tb_{0.05})F_3$ 荧光粉的激发光谱（a）及发射光谱（b）

（监控发射波长为 539nm，激发波长为 377nm）

图 3-7 为 $(La_{0.95}Sm_{0.05})F_3$ 晶体激发光谱（a）和发射光谱（b），监控发射波长和激发波长分别是 591nm 和 399nm。由图 3-7（a）可知激发光谱中出现了 6 个主要激发峰，最强的主激发峰出现在 399nm 处，归属于 Sm^{3+} 的 $^6H_{5/2}\rightarrow{}^6P_{5/2}$ 跃迁，其

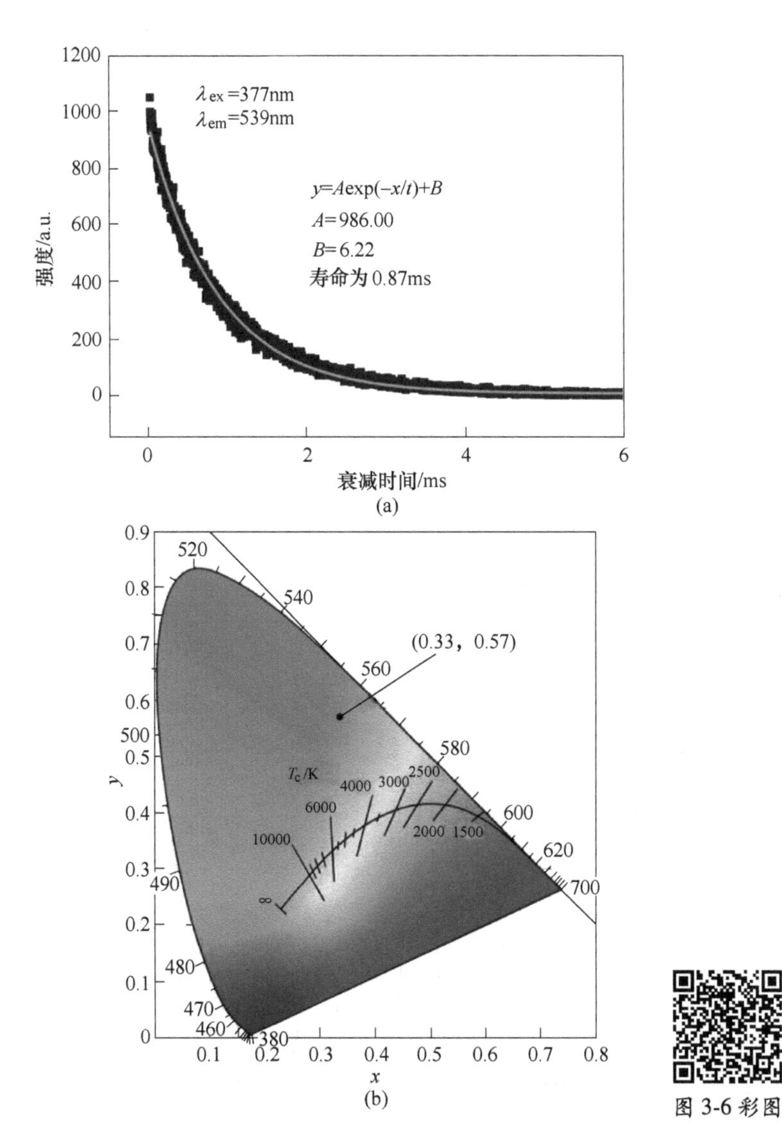

图 3-6 （$La_{0.95}Tb_{0.05}$）F_3 荧光粉的荧光衰减曲线（a）及（$La_{0.95}Tb_{0.05}$）F_3 荧光粉在色坐标系中的色坐标（b）

余较弱的激发峰分别是 343nm 的$^6H_{5/2}\rightarrow{}^4D_{3/2}$跃迁、360nm 的$^6H_6\rightarrow{}^6P_{7/2}$跃迁、373nm 的$^6H_{5/2}\rightarrow{}^6L_{13/2}$跃迁、415nm 的$^6H_{5/2}\rightarrow{}^4I_{13/2}$跃迁、483nm 的$^6H_{5/2}\rightarrow{}^4I_{9/2}$跃迁。在 399nm 紫外光激发下，发射光谱中出现了 4 个发射峰，其中最高强度的为$^4G_{5/2}\rightarrow{}^6H_{7/2}$（591nm）跃迁，其余弱强度的为$^4G_{5/2}\rightarrow{}^6H_{5/2}$（558nm）跃迁、$^4G_{5/2}\rightarrow{}^6H_{9/2}$（637nm）和$^4G_{5/2}\rightarrow{}^6H_{11/2}$（702nm）跃迁。

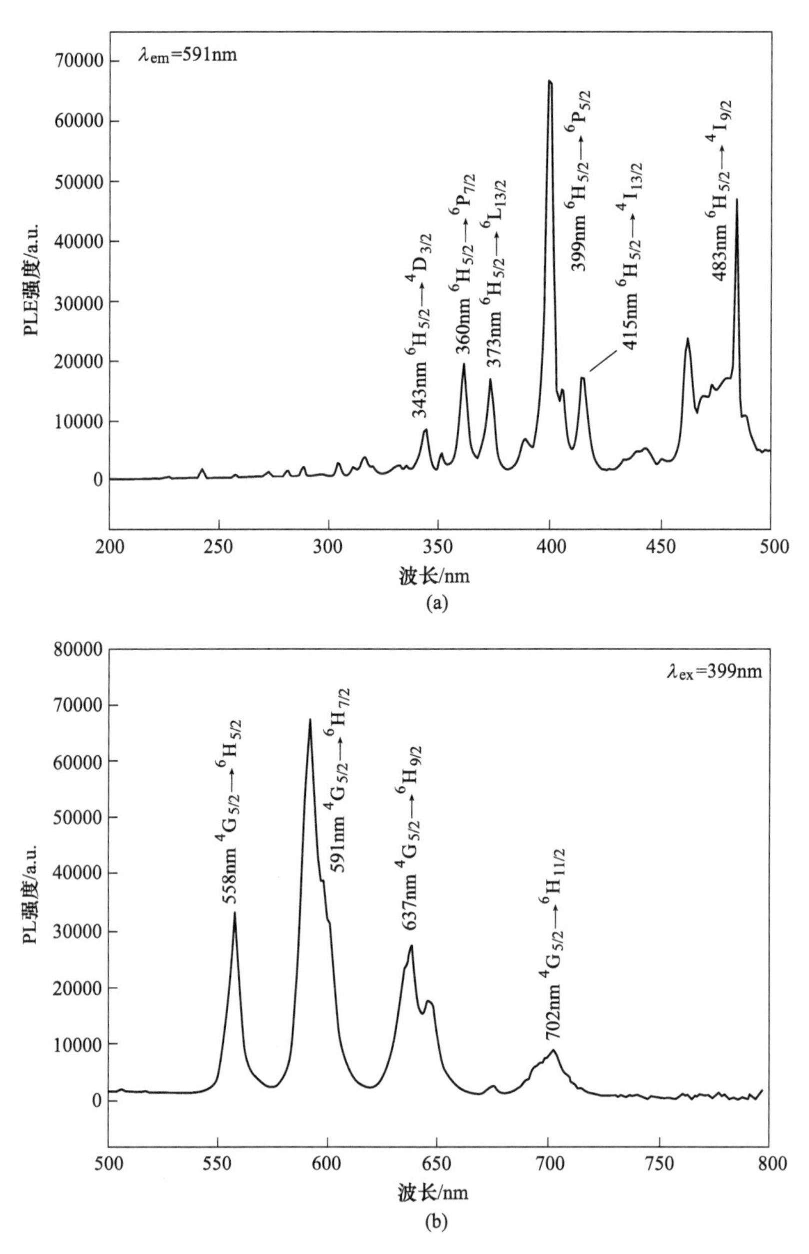

图 3-7 $(La_{0.95}Sm_{0.05})F_3$ 荧光粉的激发光谱（a）及发射光谱（b）

（监控发射波长为 591nm，激发波长为 399nm）

图 3-8（a）是 $(La_{0.95}Sm_{0.05})F_3$ 荧光粉中主发射峰 $^4G_{5/2}\rightarrow^6H_{7/2}$(591nm) 的荧光衰减曲线，分析发现该衰减具有双指数函数行为，因此数据可拟合为双指数函数。拟合后发现 A_1 = 608.94，A_2=261.99，B=4.84，荧光寿命约为 2.17ms。图

3-8（b）是（$La_{0.95}Sm_{0.05}$)F_3 荧光粉在色坐标系中的坐标图，经过计算得出荧光粉的色坐标为（0.55，0.44），在图中可以看出荧光粉的发光颜色位于典型的橙光区。

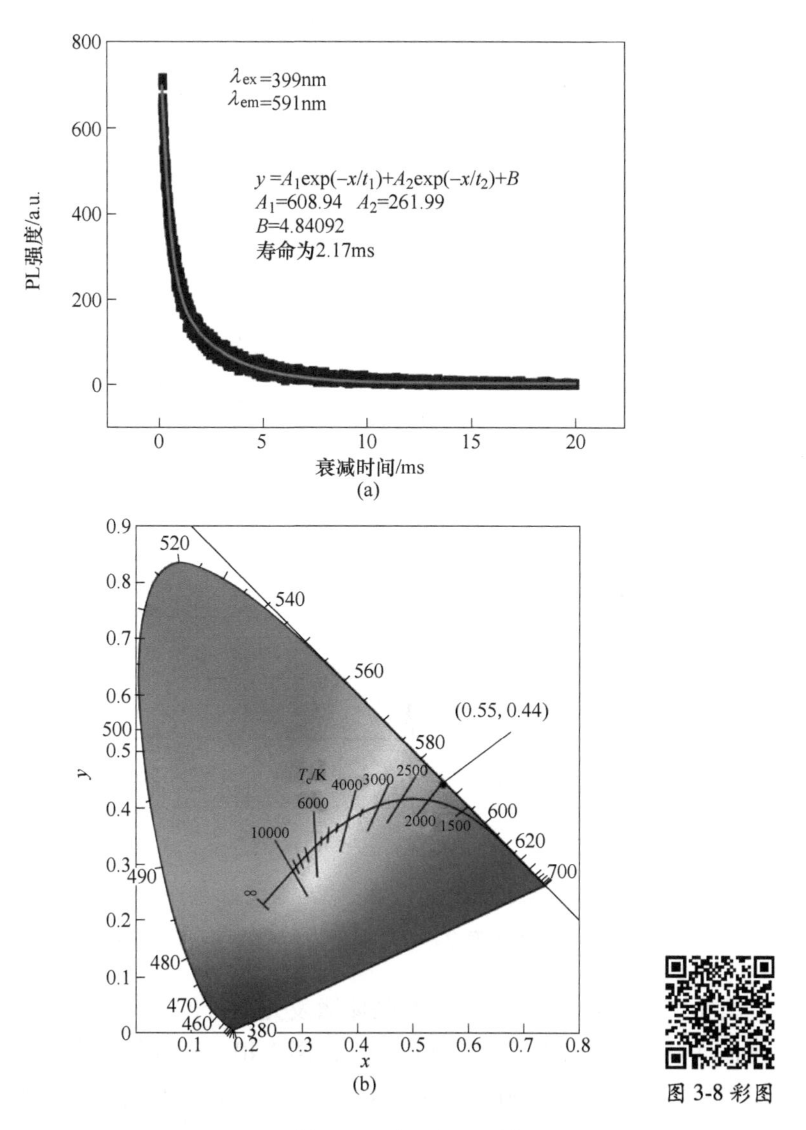

图 3-8 （$La_{0.95}Sm_{0.05}$)F_3 荧光粉的荧光衰减曲线（a）及（$La_{0.95}Sm_{0.05}$)F_3 荧光粉在色坐标系中的色坐标（b）

图 3-9 为（$La_{0.95}Eu_{0.05}$)F_3 随煅烧温度升高的物相演变过程，可以发现在500℃煅烧后，产物仍然是纯相（$La_{0.95}Eu_{0.05}$)F_3，并未发现物相的变化。当煅烧

温度升高至600℃和700℃时，产物中出现了新的衍射峰（ * 标记）且新出现的衍射峰越来越强，新的衍射峰与四方 LaOF 相的标卡（T-LaOF JCPDS No. 44-0121）中的（101）晶面匹配良好，可以确定 600℃ 和 700℃ 的煅烧产物为 $(La_{0.95}Eu_{0.05})F_3$ 和 T-$(La_{0.95}Eu_{0.05})OF$ 的混合物。当温度到达 800℃时，产物完全转换为 T-$(La_{0.95}Eu_{0.05})OF$，且产物中不存在 $(La_{0.95}Eu_{0.05})F_3$ 的杂峰。当温度到达 900℃时，产物再次发生相转换，新的产物与菱方相 LaOF 标卡（R-LaOF JCPDS No. 06-0281）中各晶面匹配良好，可以确定为 R-$(La_{0.95}Eu_{0.05})OF$ 纯相。综上所述，温度对 $(La_{0.95}Eu_{0.05})F_3$ 煅烧结果有重要影响，当温度为 800℃ 和 900℃时，煅烧可分别得到 T-$(La_{0.95}Eu_{0.05})OF$ 和 R-$(La_{0.95}Eu_{0.05})OF$。

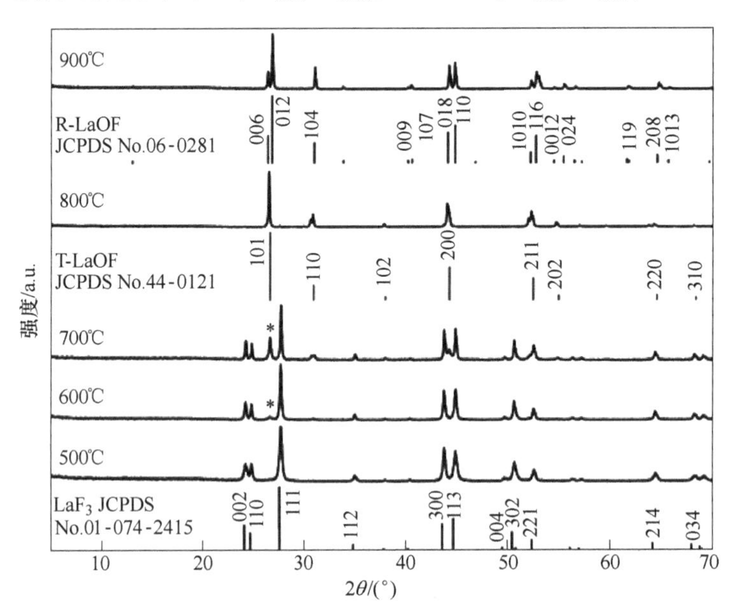

图 3-9　$(La_{0.95}Eu_{0.05})F_3$ 在空气中煅烧 2h 后产物的 XRD 图谱

（煅烧温度为 500℃、600℃、700℃、800℃和 900℃）

图 3-10 为 R-$(La_{0.95}Eu_{0.05})OF$ 晶体激发光谱（a）和发射光谱（b），监控发射波长是 609nm，激发波长为 393nm。由图 3-10（a）可知激发光谱由 250~350nm 范围宽的激发带和 350~500nm 范围内一系列尖锐的激发峰组成。最强的主激发峰出现在 250~330nm 的宽带处，归属于 Eu 到 O 的电荷转移（CTB），其余较弱的发射峰分别是 393nm 的 $^7F_0 \to ^5L_6$ 跃迁和 465nm 的 $^7F_0 \to ^5D_2$ 跃迁。图 3-10（b）的发射光谱出现了 4 个主要发射峰，分别对应 Eu^{3+} 的 $^5D_0 \to ^7F_1$(589nm) 跃迁，最高强度的 $^5D_0 \to ^7F_2$(609nm) 跃迁，低强度的 $^5D_0 \to ^7F_3$(625nm) 跃迁，低强度的 $^5D_0 \to ^7F_4$(702nm) 跃迁。发射光谱中的 $^5D_0 \to ^7F_2$(609nm) 跃迁占据主导地位，这

是因为 Eu^{3+} 处在 LaOF 基质晶格中没有反演中心的格位，与 LaF_3 不同，这是因为煅烧后相转换，产物结构发生了改变。

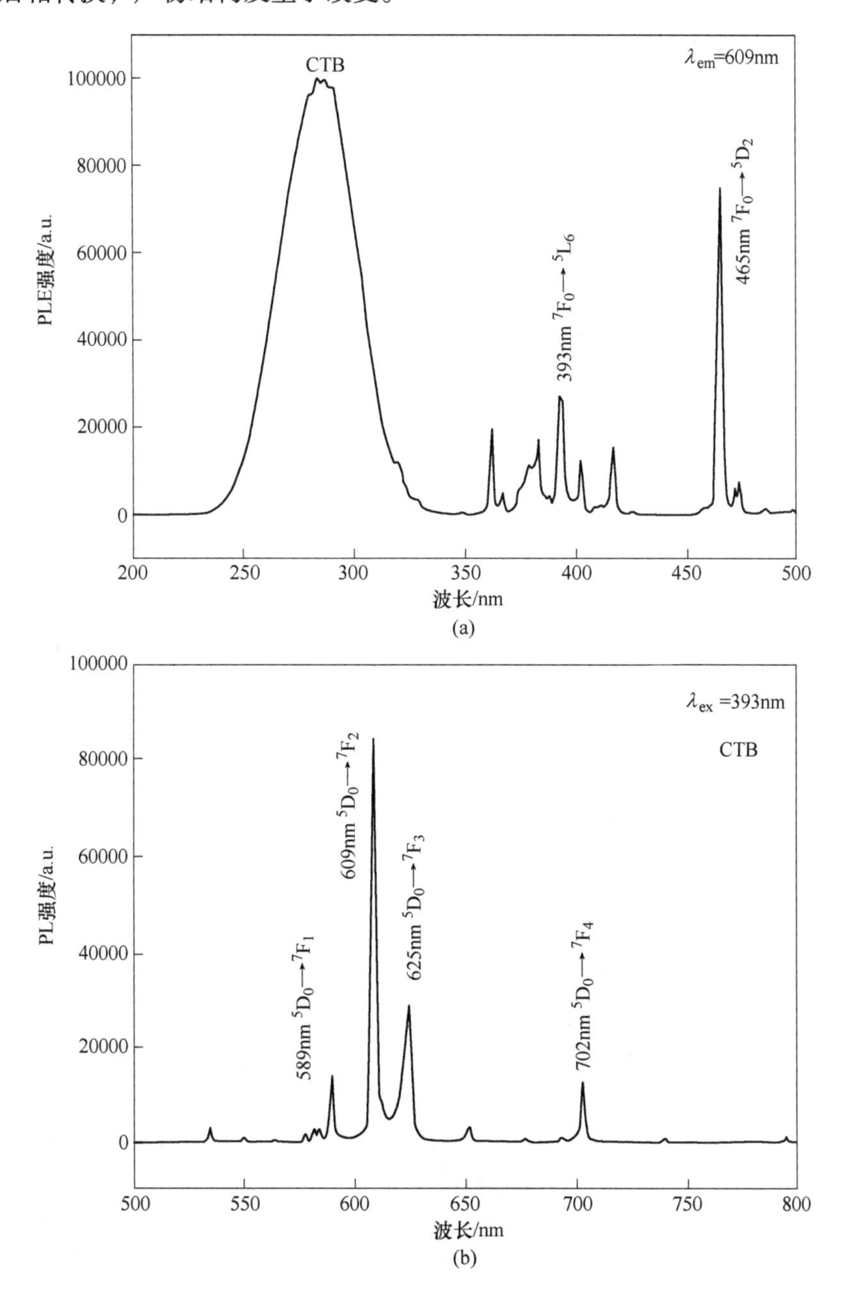

图 3-10 R-（$La_{0.95}Eu_{0.05}$）OF 荧光粉的激发光谱（a）及发射光谱（b）

（监控发射波长为 609nm，激发波长为 393nm）

图 3-11（a）是 R-($La_{0.95}Eu_{0.05}$)OF 荧光粉中$^5D_0 \to ^7F_2$(609nm）跃迁的荧光衰减曲线，分析发现该衰减具有单指数函数行为，因此数据可按单指数函数进行拟合。拟合后发现 $A=5007.16$，$B=-3.89$，荧光寿命即发射强度衰减到初始强度的 1/e 时对应的时间为 0.9ms。图 3-11（b）是 R-($La_{0.95}Eu_{0.05}$)OF 荧光粉在色坐标系中的坐标图，经过计算得出荧光粉的色坐标为（0.64，0.35），在图中可以看出荧光粉的发光颜色位于典型的橙红光区。

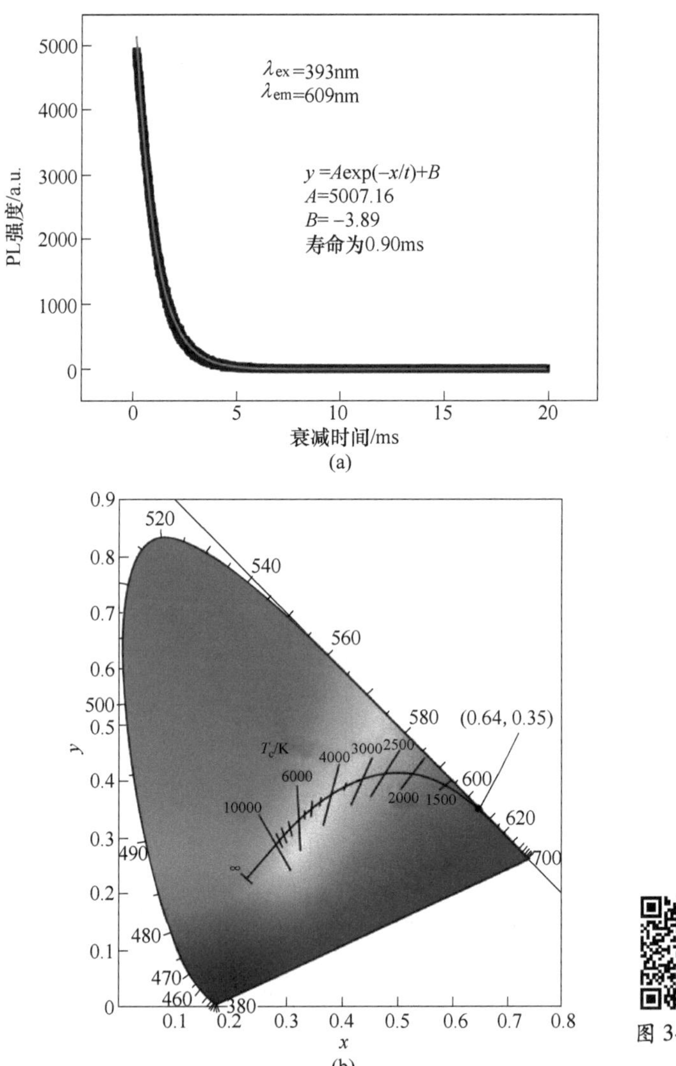

图 3-11 彩图

图 3-11 R-($La_{0.95}Eu_{0.05}$)OF 荧光粉的荧光衰减曲线（a）及 R-($La_{0.95}Eu_{0.05}$)OF 荧光粉在色坐标系中的色坐标（b）

3.1.4 本节小结

本节介绍了硫酸盐型稀土层状化合物（$La_{0.95}RE_{0.05}$）$_2$(OH)$_4SO_4 \cdot nH_2O$(RE=Eu、Tb 和 Sm）作为自牺牲模板在氟化镧基体荧光粉合成中的应用，证实了自牺牲模板法合成氟化镧晶体的可行性；详细研究了合成条件，以及所得氟化镧基体荧光粉在空气中的物相演化及几种重要激活剂离子在氟化镧晶格中的光致发光行为，主要结论如下：

（1）Ln-241 模板中的稀土离子与 NH_4F 比值为 1/5 时，在 100℃ 的较低温度下反应 24h 可以合成（$La_{0.95}RE_{0.05}$）F_3(RE=Eu、Tb 和 Sm）。

（2）（La，RE）F_3(RE=Eu、Tb 和 Sm）荧光粉分别在 589nm、539nm 和 591nm 出现了最强的发射峰，分别归属于 Eu^{3+} 的 $^5D_0 \to ^7F_1$(589nm 橙光）跃迁、Tb^{3+} 的 $^5D_4 \to ^7F_5$(539nm 绿光）跃迁和 Sm^{3+} 的 $^4G_{5/2} \to ^6H_{7/2}$(591nm 橙光）跃迁，荧光寿命分别为 1.36ms、0.87ms 和 2.17ms，色坐标分别为（0.60，0.39）（0.33，0.57）和（0.55，0.44）。

（3）（$La_{0.95}Eu_{0.05}$）F_3 在 800℃ 的空气气氛中煅烧 2h 可得到 T-($La_{0.95}Eu_{0.05}$)OF，在 900℃ 的空气气氛中煅烧 2h 可得到 R-($La_{0.95}Eu_{0.05}$)OF。

（4）R-($La_{0.95}Eu_{0.05}$)OF 的主发射峰在 609nm（橙红光）处，属于 Eu^{3+} 的 $^5D_0 \to ^7F_2$ 跃迁，荧光寿命为 0.9ms，色坐标为（0.64，0.35）。

3.2 稀土氟化物（$La_{0.97}Yb_{0.02}RE_{0.01}$）$F_3$(RE=Er、Ho 和 Tm）荧光粉的合成以及上转换发光性能研究

3.2.1 引言

上一小节介绍了硫酸盐型稀土层状化合物（La,RE)-241 LRH 可作为合成氟化镧基体晶格的良好的前驱体，并详细研究了合成条件及多种激活剂的下转换光致发光性能。稀土元素中镧的 4f 壳层为空，因此为光惰性元素，其相关化合物适于作为发光材料的基体晶格。氟化物因其较低的晶格能量更适于作为上转换发光的晶格。本小节介绍了 Yb^{3+} 敏化的氟化镧晶格中典型上转换离子对 Yb-Ho，Yb-Er 及 Yb-Tm 的上转换发光行为，详细研究了功率依赖上转换光谱、上转换机制、荧光色、主发射峰荧光衰减行为及变温上转换发射光谱等性能。

3.2.2 稀土氟化物（$La_{0.97}Yb_{0.02}RE_{0.01}$）$F_3$(RE=Er、Ho 和 Tm）荧光粉的合成

（$La_{0.97}Yb_{0.02}RE_{0.01}$）$F_3$(RE=Er、Ho 和 Tm）的合成步骤如下：将 NH_4F 粉末

溶解在 60mL 水中，然后在室温下向其中加入 2mmol 的制备好的（$La_{0.97}Yb_{0.02}RE_{0.01})_2(OH)_4SO_4 \cdot nH_2O$(RE = Er, Ho, Tm) 241-LRH 模板。磁力搅拌 30min 后，放入水热釜中，控制混合物的温度和反应时间。通过离心收集最终产物，然后用水洗涤 3 次以除去副产物，用无水乙醇冲洗，并在 70℃空气中干燥 24h，最终得到（$La_{0.97}Yb_{0.02}RE_{0.01})F_3$(RE = Er、Ho 和 Tm）晶体。

图 3-12（a）为经水热反应所得模板的 XRD 图谱，并用纯相 La-241 LRH 的结构参数作为初始结构模型对所得 XRD 图谱进行了 Rietveld 精修[11]，如图所示，黑色线代表实验测得的衍射数据，红色实线表示计算的衍射数据，绿色的垂直线表示模拟布拉格衍射峰的位置，灰色实线表示测量值与计算值之间的偏差，所得的结构参数总结在表 3-1 中。通过对精修计算的数据和实验数据的比较，发现两个样品模板的各衍射峰的峰位与初始模型的布拉格衍射峰峰位一致，没有发现其他杂质相衍射峰出现。从表 3-1 中可以看出，合成的两种 241-LRH 模板都比 La-241 LRH 模板具有更小的晶胞尺寸和晶胞体积，而其中掺 Ho^{3+} 的 241-LRH 模板比掺 Er^{3+} 的模板具有更大的晶胞参数。这表明 Ho^{3+} 和 Er^{3+} 成功地掺杂到晶体中结合形成固溶体。所观察到的晶胞参数的变化趋势与 La^{3+}、Ho^{3+}、Er^{3+} 和 Yb^{3+} 分别具有 0.1216nm、0.1072nm、0.1062nm 和 0.1042nm（配位数 CN = 9）的离子半径这一规律对应良好[12]。

图 3-12（b）为模板（100℃下 24h 水热反应、pH = 9.5）与氟化铵在 180℃下经 24h 的相转化获得的产物的 XRD 图谱和 XRD 精修结果，结果发现产物和标准衍射文件 LaF_3(JCPDS 01-074-2415；P-3c1 空间群）能很好地对应且不存在任何杂质相。用 LaF_3 的晶体学参数作为初始结构模型，对 XRD 图谱进行了多次精修，得到的两种产物的结构参数与 LaF_3 的数据总结在表 3-2 中。同样，掺 Yb^{3+}/RE^{3+} 的样品比掺 LaF_3 晶体具有更小的晶胞参数和晶胞体积，掺 Ho^{3+} 的样品比掺 Er^{3+} 的样品具有更大的晶胞尺寸。因此，结果表明相转化完成，并且已经从 241-LRH 模板成功转化为（$La_{0.97}RE_{0.01}Yb_{0.02})F_3$ 固溶体。

241-LRH 模板（单斜）和最终产物（$La_{0.97}RE_{0.01}Yb_{0.02})F_3$(六方）的晶体结构不同，这表明在相转化过程中存在溶解-再沉淀机制。前驱体 241-LRH 模板主要作为化学模板，在转换过程中，模板和产物之间可能会发生以下反应：(1) 溶解过程，$(La_{0.97}RE_{0.01}Yb_{0.02})_2(OH)_4SO_4 \cdot 2H_2O \rightarrow 2(La_{0.97}RE_{0.01}Yb_{0.02})^{3+} + 4OH^- + SO_4^{2-}$；由于在此过程中释放出羟基，在模板中加入 NH_4F 后，可以立即观察到 pH 值增加，这也表明反应正在迅速进行。(2) NH_4F 粒子溶解，$NH_4F \rightarrow NH_4^+ + F^-$。(3) 再沉淀，$LaF_3$ 的溶解度在所有可能析出的产物中较小，因此发生了再沉淀反应 $(La_{0.97}RE_{0.01}Yb_{0.02})^{3+} + 3F^- \rightarrow (La_{0.97}RE_{0.01}Yb_{0.02})F_3$。

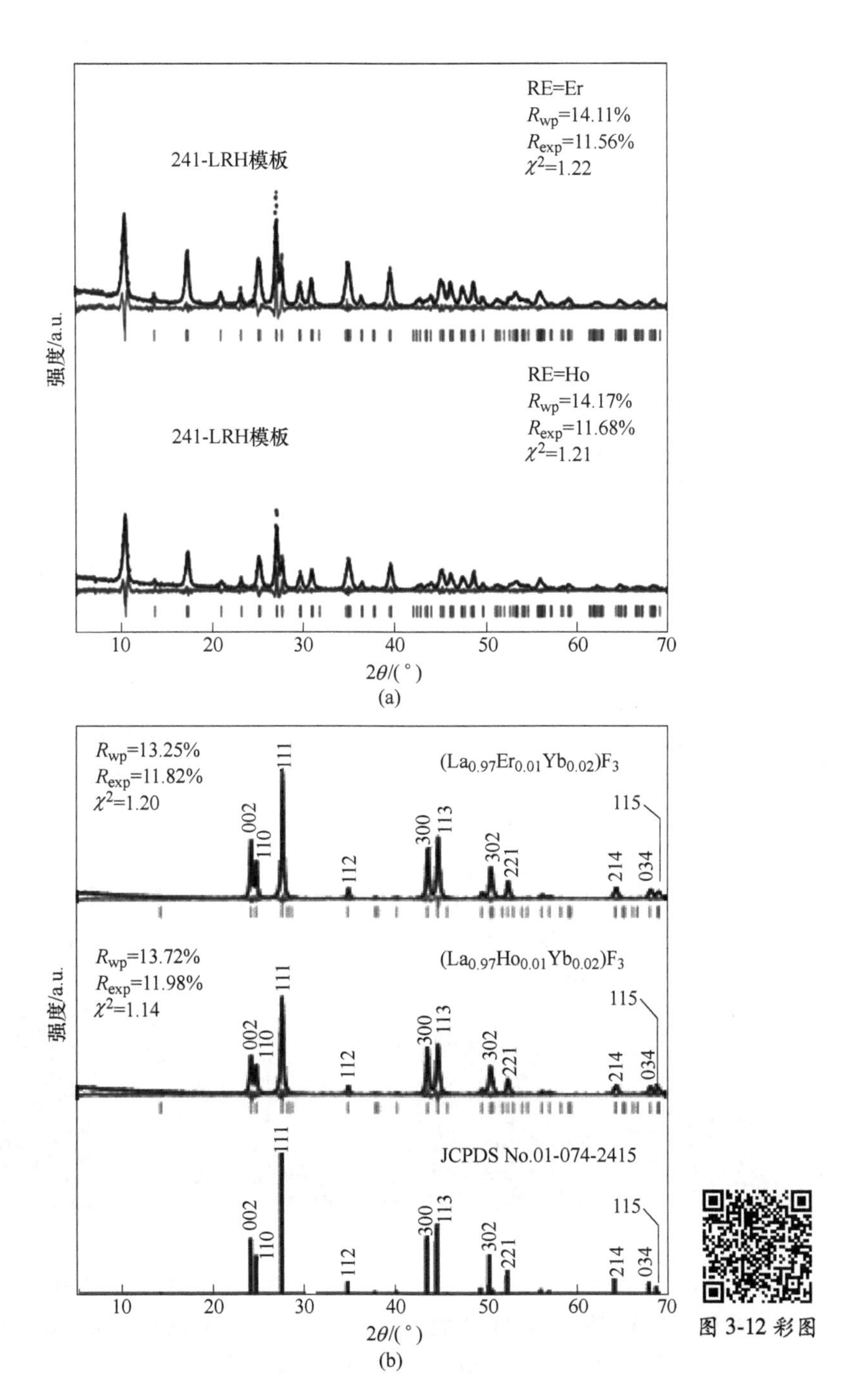

图 3-12 彩图

图 3-12 $(La_{0.97}Yb_{0.02}RE_{0.01})_2(OH)_4SO_4 \cdot nH_2O$(RE=Er 和 Ho)241-LRH 模板（a）及在 180℃下 24h 通过相转化获得产物 $(La_{0.97}Yb_{0.02}RE_{0.01})F_3$(b) 的 XRD 精修结果

表 3-1 ($La_{0.97}RE_{0.01}Yb_{0.02}$)-241 模板和 La-241 LRH 模板的结构参数

样品	空间群	a/nm	b/nm	c/nm	β/(°)	V/nm^3
La-241	$C2/m$	1.68847 (6)	0.39420 (1)	0.64359 (2)	90.454 (2)	0.42836 (3)
RE = Ho	$C2/m$	1.68654 (1)	0.39293 (4)	0.64309 (5)	90.498 (1)	0.42615 (1)
RE = Er	$C2/m$	1.68685 (3)	0.39267 (3)	0.64258 (3)	90.509 (6)	0.42561 (5)

表 3-2 在 180℃反应 24h 的 LaF_3:Yb/RE 结构参数和 LaF_3 晶体 (JCPDS No. 01-074-2415) 的结构参数

样品	空间群	a/nm	b/nm	c/nm	V/nm^3
LaF_3	P-3c1	0.719	0.719	0.7367	0.32982
RE = Ho	P-3c1	0.71798 (1)	0.71798 (1)	0.73453 (4)	0.32792 (2)
RE = Er	P-3c1	0.71803 (1)	0.71803 (1)	0.73441 (2)	0.32789 (7)

图 3-13 (a) 为 Yb^{3+}/Er^{3+} 共掺杂的 241-LRH 模板的场发射-扫描电镜和透射电镜（内嵌图）形貌，从中可以看出模板结晶为宽 150~250nm 和长 0.5~1.5μm 的纳米片。因为观察到的约 0.203nm 和 0.325nm 的 d 间距与 $d(203)$ = 0.2075nm 和 $d(111)$ = 0.3294nm 的数据非常接近，在选定区域电子衍射（SAED，见图 3-13 (b)）产生平面的斑点属于 (203) 和 (111)。图 3-13 (b) 的内嵌图中的高分辨率透射电子显微镜分析可以清晰地分辨出间隔约 0.278nm 的晶格条纹，这些条纹属于 ($\bar{3}\bar{1}1$) 晶面。

图 3-13 在 100℃、pH = 9.5、通过 24h 水热反应合成的 Yb^{3+}/Er^{3+} 共掺 241-LRH 模板的扫描电镜/透射电镜形貌 (a) (c) 和 SAED 晶格图像 (b) (d) 以及在 180℃反应 24h 获得的 LaF_3:Yb/Er 上转换荧光粉 (c) (d)

图 3-13 (c) 为在 180℃下 24h 的相转化得到的 LaF_3:Yb/Er 上转换荧光粉的场发射-扫描电镜和透射电镜（内嵌图）形貌，其中可以观察到通过自牺牲模板

法形成了约 100nm 的分散颗粒。一些颗粒看起来呈细长板状，这可能是由于六方结构 LaF_3 固有的结晶习性。因为测得的约 0.335nm 和 0.205nm 的 d 间距与标准衍射文件（JCPDS No. 01-074-2415）中 LaF_3 的 $d(111)=0.32308$nm 和 $d(300)=0.20756$nm 一致，样品的 SAED 分析（见图 3-13（d））显示了属于（111）和（300）平面的衍射环，图中插图对单个纳米晶体的晶格成像分析显示了晶面间距约为 0.333nm 的条纹，证实属于（111）面。

图 3-14 显示了 Yb^{3+}/Er^{3+} 共掺杂产物在 180℃下随时间的相演变，可以看出，在室温下磁力搅拌 30min 后，虽然可以识别来自氟化物相的弱衍射，但从 241-LRH（模板）和 NH_4F 的混合物中回收的固体基本上是 241-LRH 化合物。值得注意的是，241-LRH 的（002）衍射峰被大大削弱（图中圆圈部分），表明晶体结构的［001］的长程有序被显著破坏，这可能是由于层间 SO_4^{2-} 被 F^- 取代。由于非（001）衍射，例如（111），相对于（002）保持尖锐和强，可以得出结论，241-LRH 的氢氧化物主层在此阶段基本上是完整的。在 180℃下反应 0.5h，产物主要相为低结晶度的氟化物，来自 241-LRH 的衍射弱到可以忽略不计，通过将反应延长到 2h 或更长时间，能产生纯相氟化物。值得一提的是，在反应早期（0.5h 和 2h）形成的氟化物相对于（002）具有更尖锐和更强的（110）和（300）衍射，这表明产物优先发展六方晶体结构的 ab 面。这可能是在 241-LRH 层状晶体结构的帮助下发生的，因为它的含稀土氢氧化物主层是由非

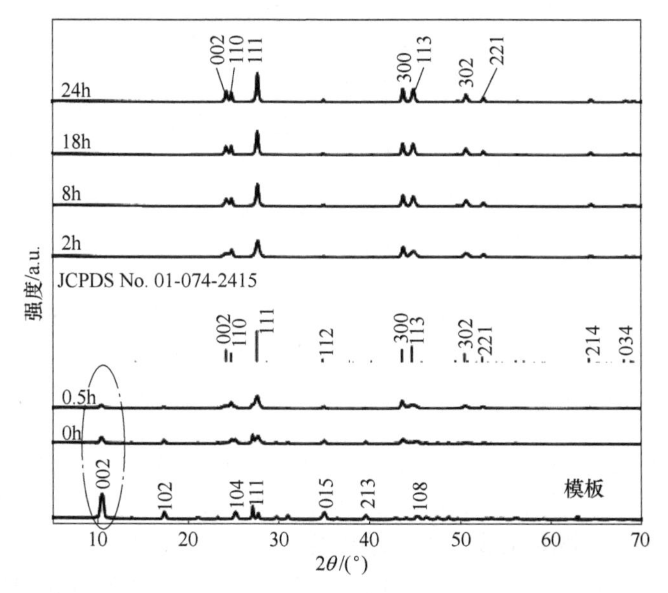

图 3-14 Yb^{3+}/Er^{3+} 共掺杂产物在 180℃下不同反应时间（0~24h）获得的 XRD 图谱
（其中 0h 样品表示在室温下磁力搅拌 30min 后（水热反应之前）所得样品。
六方相 LaF_3 的标准衍射卡（JCPDS No. 01-074-2415））

(001) 面构成的。根据 0.5~24h 产物的逐渐更尖锐和更强的 (002) (111) 和 (113) 衍射可以看出，具有 l 指数的晶面是通过反应伸长逐渐形成的，这一事实支持了上述讨论。此外，用谢乐方程对 (111) 主衍射分析发现 24h 产物的平均微晶尺寸约为 31nm。最重要的是，在 180℃形成纯相至少需要 2h 的持续时间。在 2h 以上，反应时间的增加产生了更尖锐和更强的衍射峰，这表明晶格结晶度的增加。

图 3-15 为 Yb^{3+}/Er^{3+} 共掺杂产物随时间的微观形貌演变。根据 XRD 结果（见图 3-14，0h 产物），在室温下磁力搅拌 30min 后，从反应体系中回收的固体基本上由 241-LRH 纳米板组成，其表面和边缘由于与 NH_4F 的相互作用和少量氟化物纳米粒子的形成而变得粗糙（见图 3-15 (a)）。在 180℃下 0.5h 的反应通过消耗 241-LRH 模板导致氟化物结晶（见图 3-14），因此 241-LRH 纳米板被分解，但它们的结构仍可观察到（见图 3-15 (b)）。2h 产物为纯氟化物相（见图 3-14），主要包含横向尺寸高约 80nm、厚约 9nm 的纳米片（见图 3-15 (c)）。纳米晶呈准六边形，这与 LaF_3:Yb/Er（空间基团 $P\text{-}3c1$）的六方相晶体结构一致，表明纳米晶的侧面被 (002) 面包围。8h（见图 3-15 (d)）和 18h（见图 3-15 (e)）产物都显示出较大的微晶尺寸，并且通过谢乐方程分析 (111) 衍射面发现 2h、8h 和 18h 产物的平均微晶尺寸分别约为 18nm、25nm 和 27nm。

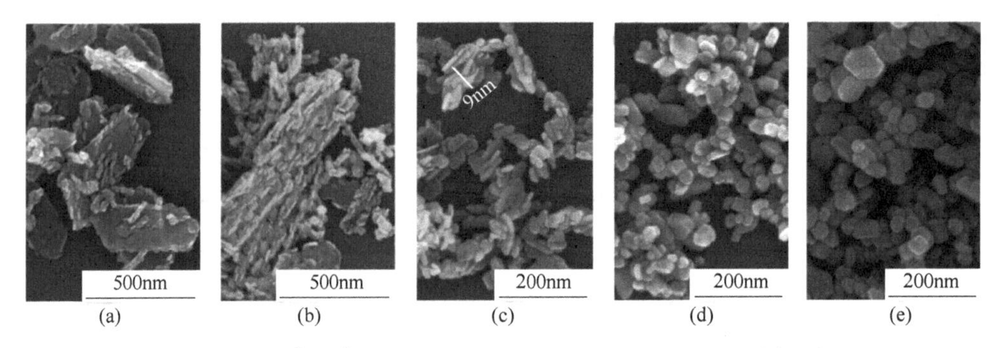

图 3-15 Yb^{3+}/Er^{3+} 共掺杂产物在 180℃下通过 0~24h 的不同反应时间获得的场发射-扫描电镜形貌

(a) 在室温磁力搅拌 30min (0h)；(b) 0.5h；(c) 2h；(d) 8h；(e) 18h

图 3-16 为在 24h 的固定反应时间下，Yb^{3+}/Er^{3+} 共掺杂产物随温度的相演变，其中很明显，即使在室温下反应后，产物也是纯相氟化物。转化速率比之前报道的六方相 $Ln(OH)_3$ 微管生成六方相结构的 β-$NaLnF_4$(120℃，12h)[7]、$Ln(OH)_3$ 纳米线 (180℃，12h) 合成 β-$NaLnF_4$ 纳米线[13] 以及从单斜 $Lu_4(OH)_9(NO_3)$ 线生成六方相 $NaLuF_4$ 纳米线 (180℃，24h) 和 $LuBO_3$(180℃，几小时)[14] 快得多。除了上文提到的在 241-LRH 中较少的羟基之外，快的反应速率是由于 241-LRH 独特的晶体结构以及稀土氢氧化物主层（晶体厚度约 1nm）[15] 产生的，这为相转

化反应提供了大量的活性点。从连续尖锐且强的 XRD 衍射峰推断出，提高反应温度到 180℃促进了氟化物纳米晶体的结晶，并且从（111）主衍射分析的室温、50℃、100℃、120℃、150℃ 和 180℃ 产物的平均微晶尺寸分别约为 15nm、18nm、20nm、23nm、26nm 和 31nm。同样，从 XRD 峰的相对强度可以推断出产物优先形成六方结构的 *ab* 面而不是（001）面。综上所述，室温下反应 24h 可以得到纯相，较低的生成温度说明了 241-LRH 作为模板的优点。更高的反应温度产生更尖锐和更强的衍射峰，这表明高温可以完善晶格和增加结晶度。

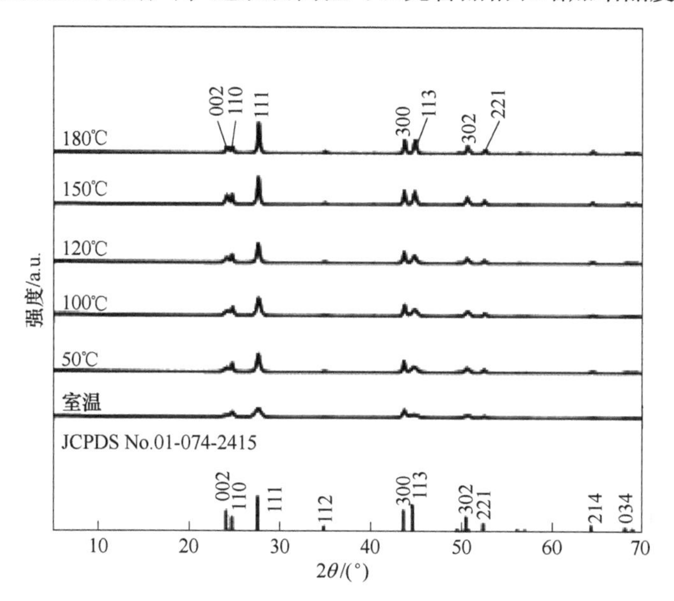

图 3-16 在室温至 180℃的不同温度下反应 24h 获得的 Yb^{3+}/Er^{3+}共掺杂产物 XRD 图谱以及 LaF_3 的标准衍射卡（JCPDS No.01-074-2415）

3.2.3 稀土氟化物（$La_{0.97}Yb_{0.02}RE_{0.01}$）$F_3$（RE=Er、Ho 和 Tm）荧光粉的上转换发光性能研究

图 3-17（a）为在不同激发功率下（$La_{0.97}Yb_{0.02}RE_{0.01}$）$F_3$（RE=Er）纳米晶体的上转换发射光谱，激发波长为 980nm，其中发现 Er^{3+} 在红色（656/668nm；$^4F_{9/2}\rightarrow{}^4I_{15/2}$跃迁）和绿色（520/539nm；$^2H_{11/2}/^4S_{3/2}\rightarrow{}^4I_{15/2}$跃迁）光谱区出现了两个强的发射峰[16]，如图所示，前者强度更高。实验合成的荧光粉的光谱特征类似于之前报道的同体系的 LaF_3:12% Yb，3% Er 纳米板（厚约 9nm，边缘长 20~30nm）和 LaF_3:18% Yb，2% Er 纳米正方形（长约 10nm），但不同于同体系 LaF_3:4% Yb，1% Er 六方纳米晶体（长约 15nm）和 LaF_3:12% Yb，3% Er 的光谱特征。Yb-Er 离子对在与本工作不同体系的 $NaYF_4$[17] 和 $LaNa(WO_4)_2$[18] 中产生不同的光谱，最强发射峰为绿光发射。

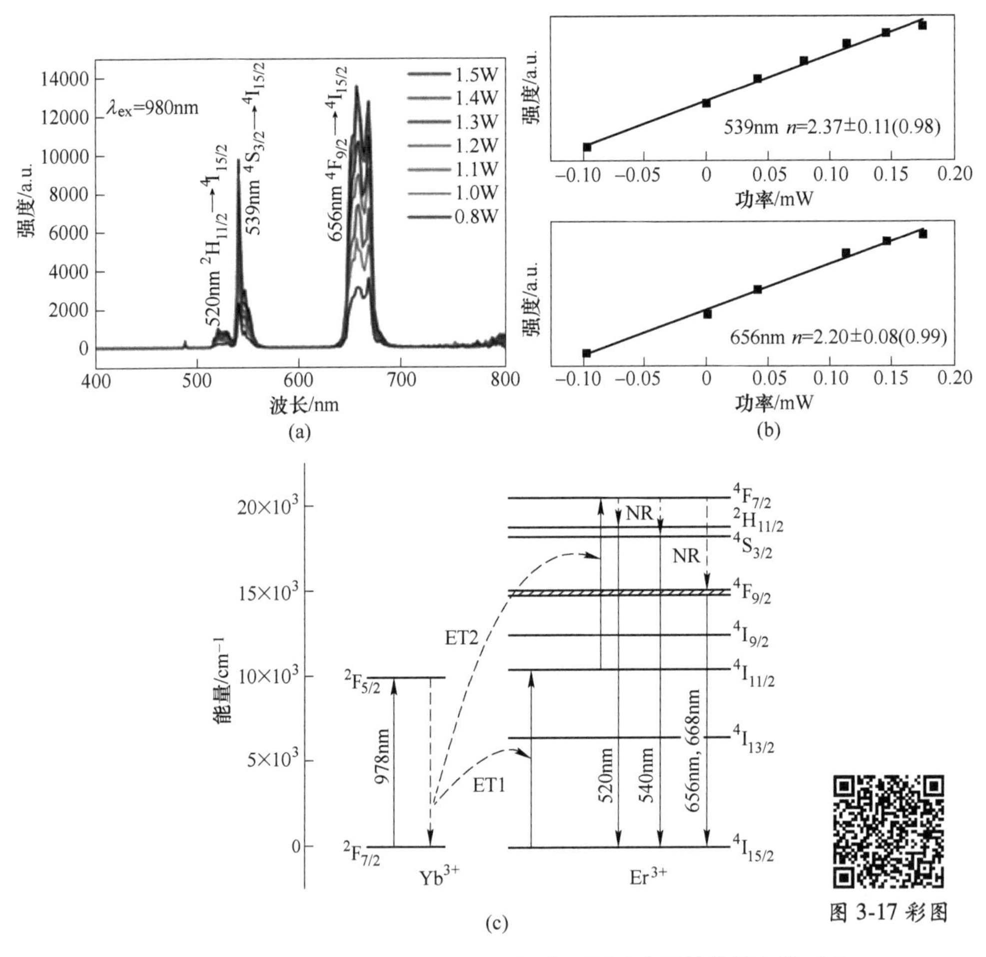

图 3-17 $(La_{0.97}Yb_{0.02}RE_{0.01})F_3$（RE=Er）在不同功率下的发射光谱（a）、上转换发光的强度功率双对数图（b）和上转换的能级图（c）

图 3-17（b）上转换的强度和功率双对数关系表明，539nm 和 656nm 的特征发射分别具有约 2.37 和 2.20 的 n 值，这说明该上转换过程是双光子机制。利用图 3-17（c）中构建的能级图分析该上转换机制，上转换过程中的光子反应如下：（1）激光光子激发 Yb^{3+} 和 Er^{3+}[ESA; $^2F_{7/2}(Yb^{3+})+h\nu(978nm)\rightarrow{}^2F_{5/2}(Yb^{3+})$ 及 $^4I_{15/2}(Er^{3+})+h\nu(978nm)\rightarrow{}^4I_{11/2}(Er^{3+})$]。（2）$Yb^{3+}$ 到 Er^{3+} 的能量转移激发 Er^{3+} 的 $^4I_{15/2}$ 基态电子；[ET1; $^2F_{5/2}(Yb^{3+})+{}^4I_{15/2}(Er^{3+})\rightarrow{}^2F_{7/2}(Yb^{3+})+{}^4I_{11/2}(Er^{3+})$]。（3）第二个 Yb^{3+} 的能量转移从 $^4I_{11}$ 到 $^4F_{7/2}$ 激发 Er^{3+} 的 $^4I_{11/2}$ 电子到 $^4F_{7/2}$；[ET2; $^2F_{5/2}(Yb^{3+})+{}^4I_{11/2}(Er^{3+})\rightarrow{}^2F_{7/2}(Yb^{3+})+{}^4F_{7/2}(Er^{3+})$]。（4）$^4F_{7/2}$ 电子通过非辐射弛豫回到 $^2H_{11/2}$ 和 $^4S_{3/2}$ 以及 $^4F_{9/2}$ 能级；[NR; $^4F_{7/2}(Er^{3+})\sim{}^2H_{11/2}/{}^4S_{3/2}(Er^{3+})$, $^4F_{9/2}(Er^{3+})$]。（5）$^2H_{11/2}$ 和 $^4S_{3/2}$ 以及 $^4F_{9/2}$ 能级通过辐射弛豫回到 $^4I_{15/2}$ 基态

并产生上转换发光；[$^2H_{11/2}/^4S_{3/2}(Er^{3+}) \rightarrow ^4I_{15/2}(Er^{3+}) + h\nu$(520/539nm) 及$^4F_{9/2}(Er^{3+}) \rightarrow ^4I_{15/2}(Er^{3+}) + h\nu$(656/668nm)]。此外，$^4F_{7/2}(Er^{3+}) + ^4I_{11/2}(Er^{3+}) \rightarrow ^4F_{9/2}(Er^{3+})$的交叉弛豫可能发生[15]，这可能有助于观察到比绿色更强的红色发射。图 3-18 显示 Er^{3+}的 656nm 主发射（$^4F_{9/2} \rightarrow ^4I_{15/2}$跃迁）的荧光衰减曲线，单指数拟合发现荧光寿命约为 1.466ms。

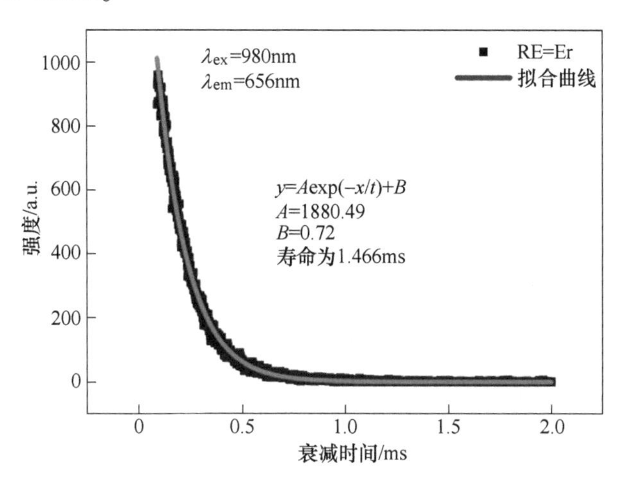

图 3-18 $(La_{0.97}Yb_{0.02}RE_{0.01})F_3$(RE=Er) 荧光粉在 656nm 处的发射峰的荧光衰减曲线

图 3-19（a）显示了 $(La_{0.97}Yb_{0.02}RE_{0.01})F_3$(RE=Ho) 纳米晶体在不同激发功率下的上转换荧光光谱，激发波长为 980nm，其中可以看出光谱由 500~800nm 范围内的$^5S_2 \rightarrow ^5I_8$(540nm，绿色)、$^5F_5 \rightarrow ^5I_8$(642nm，红色) 和$^5I_4 \rightarrow ^5I_8$(749nm，近红外) 三组发射峰组成[19-20]，红色最强。本书相关工作中观察到的上转换光谱与此前报道的同体系 LaF_3:20% Yb,1% Ho 纳米粒子中观察到的相似，但与 LaF_3:18% Yb，2% Ho 纳米粒子相比则观察到不同的光谱，其最强发射峰为绿光发射。在不同的基质中，在 $NaLu(WO_4)_2$:Yb,Ho 中观察到相似的较强的光谱，而在 $Li_6CaLa_2Nb_2O_{12}:Yb^{3+}/Ho^{3+}$中观察到较强的绿色发射。可能的原因为上转换光谱与荧光粉的晶格体系及微观形貌显著相关。在不饱和条件下，发射态所需的激光光子数（n）可以由关系式 $I_{em} \propto P^n$ 得到，其中 P 是激光功率，I 是发光强度。

图 3-19（b）是图 3-19（a）中所示数据的对数变换，并且在线性拟合后发现对于 540nm($^5S_2 \rightarrow ^5I_8$)、642nm($^5F_5 \rightarrow ^5I_8$) 和 749nm($^5I_4 \rightarrow ^5I_8$) 发射，斜率分别为 2.49、2.45 和 2.26，结果表明观察到的上转换发光主要是通过双光子过程发生的。利用图 3-19（c）中构建的能级图，可以得到该上转换的能量转移过程，其中该上转换过程涉及激发态吸收（ESA）、能量转移（ET）和非辐射（NR）弛豫。在用 978nm 激光激发时，Yb^{3+} 的$^2F_{7/2}$基态电子被激发跃迁到$^2F_{5/2}$激发态（ESA），随后能量从 Yb^{3+}转移到 Ho^{3+}，这将 Ho^{3+}电子从$^5I_8$ 基态激发到$^5I_6$ 能

级（ET1）。$^5I_6$ 处的电子可以被第二个激光光子（ET2）的能量进一步激发到 $^5S_2$ 能级，$^5S_2$ 电子跳回到 $^5I_8$ 基态可以产生约 540nm 的绿色发射（$^5S_2 \rightarrow ^5I_8$）。$^5S_2$ 能级的电子也可以通过非辐射弛豫过程降到 $^5F_5$ 和 $^5I_4$ 能级，再回到基态，从而发出红光（642nm；$^5F_5 \rightarrow ^5I_8$）和近红外（749nm；$^5I_4 \rightarrow ^5I_8$）发射。

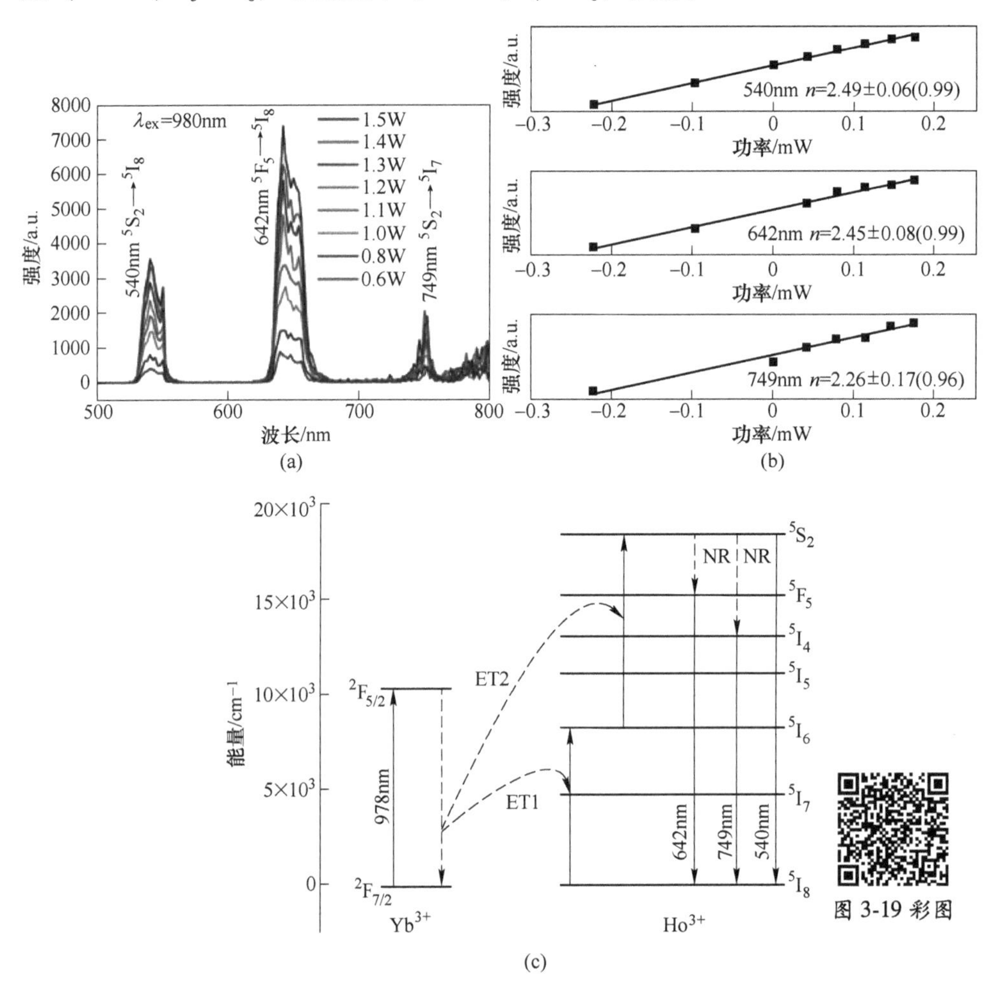

图 3-19 （$La_{0.97}Yb_{0.02}RE_{0.01}$）$F_3$（RE=Ho）荧光粉在不同功率下的发射光谱（a）、上转换发光的强度功率双对数图（b）和上转换的能级图（c）

图 3-20 显示了（$La_{0.97}Yb_{0.02}RE_{0.01}$）$F_3$ 荧光粉中最强的 642nm 红色发射（$^5F_5 \rightarrow ^5I_8$ 跃迁）的荧光衰减曲线，发现该衰减曲线可以很好地拟合为 $I = A\exp(-t/\tau) + B$ 的单指数方程，其中 τ 是荧光寿命，I 是荧光强度，t 是延迟时间，A 和 B 是常数，拟合后 A 和 B 分别约为 359.48 和 4.05，荧光寿命约为 0.745ms。

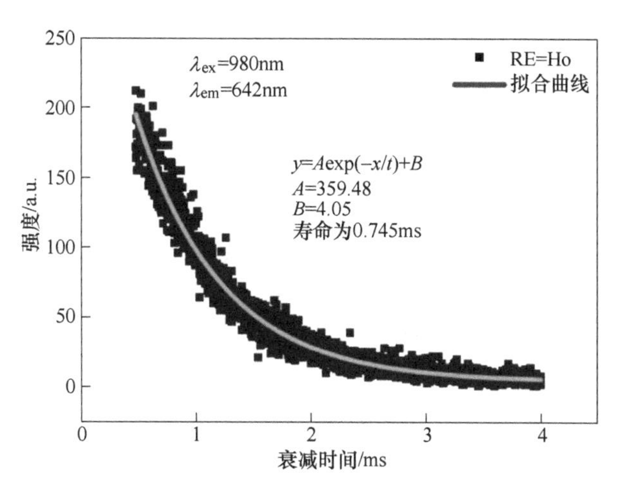

图 3-20 $(La_{0.97}Yb_{0.02}RE_{0.01})F_3$(RE=Ho) 荧光粉在 642nm 处的发射峰的荧光衰减曲线

采用 978nm 连续激光激发 $(La_{0.97}Yb_{0.02}Tm_{0.01})F_3$ 荧光粉，在不同功率下分别激发，得到了图 3-21（a）所示的上转换荧光发射谱，主发射峰出现在 804nm 近红外发射区，归属于 Tm^{3+} 的 $^3H_4 \rightarrow {}^3H_6$ 跃迁，随着激发功率的下降，样品强度出现了有规律的下降。在 488nm 处的 Tm^{3+} 微弱的蓝色发射意味着只有很少部分被激发的电子会从 $^1G_4$ 跃迁到 $^3H_6$，而强度高的 $^3H_4 \rightarrow {}^3H_6$ 跃迁占据主导地位，样品最终产生高颜色纯度的近红外发射。对上转换发射谱的强度和功率进行对数转换后得到图 3-21（b），804nm 处的曲线经过线性拟合后约为 2.25，结果表明该上转换是双光子（2.25）过程[21]。

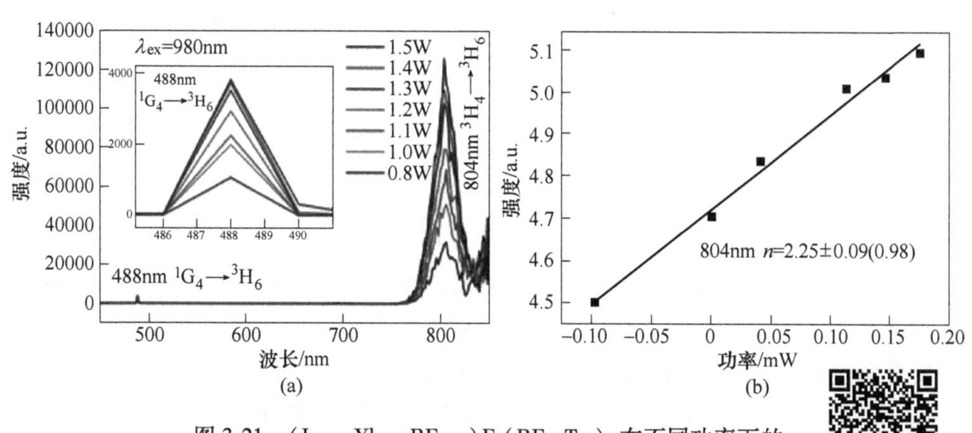

图 3-21 $(La_{0.97}Yb_{0.02}RE_{0.01})F_3$(RE=Tm) 在不同功率下的发射光谱（a）和该上转换发光的强度功率双对数图（b）（图（b）中 n 表示斜率）

图 3-21 彩图

图 3-22 为（$La_{0.97}Yb_{0.02}Tm_{0.01}$）$F_3$ 荧光粉的上转换发光的能量图和光子过程，上转换过程涉及激发态吸收（ESA）、能量转移（ET）和非辐射（NR）弛豫。从图 3-22 中可以看出，在受到 978nm 激光激发时，处于$^2F_{7/2}$的 Yb^{3+} 基态电子跃迁到$^2F_{5/2}$激发态（ESA），随后能量从 Yb^{3+} 转移到 Tm^{3+}，处于$^3H_6$ 基态的 Tm^{3+} 电子吸收能量后跃迁到$^3H_5$（ET1），处在$^3H_5$ 能级的 Tm^{3+} 电子通过非辐射过程回到$^3F_4$ 能级，随后吸收一个来自 Yb^{3+} 的光子能量跃迁到$^3F_2$ 能级（ET2），处在$^3F_2$ 能级的 Tm^{3+} 电子通过非辐射过程回到$^3H_4$ 能级，然后再吸收一个 Yb^{3+} 的光子能量跃迁到$^1G_4$ 能级（ET3），处在$^1G_4$ 的 Tm^{3+} 电子一部分回到$^3H_6$ 基态产生 487nm 蓝色发射（$^1G_4 \rightarrow {}^3H_6$），对于 804nm 的近红外发射而言，处在$^3F_2$ 能级的 Tm^{3+} 电子在吸收了两个光子之后，通过非辐射弛豫到$^3H_4$ 能级，再回到$^3H_6$ 基态产生 804nm 近红外发射（$^3H_4 \rightarrow {}^3H_6$），这个过程属于双光子吸收过程[22]。

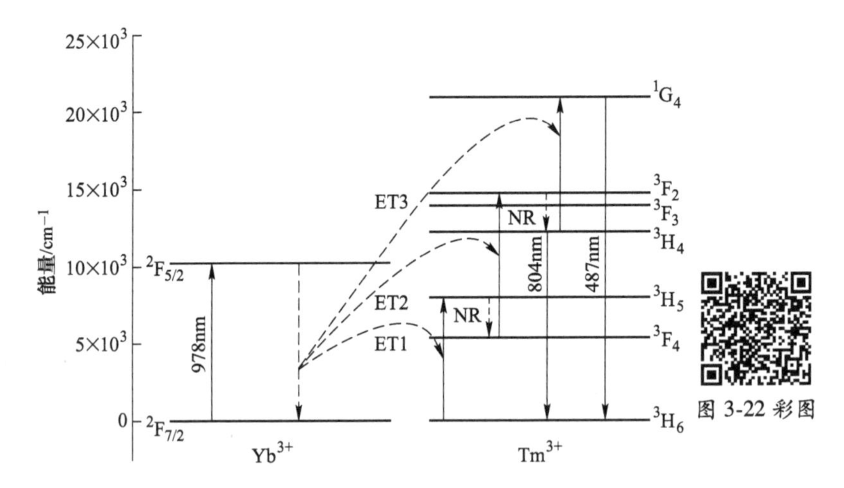

图 3-22　（$La_{0.97}Yb_{0.02}RE_{0.01}$）$F_3$（RE=Tm）荧光粉的能级和上转换转化过程示意图

3.2.4　本节小结

本节详述了硫酸盐型稀土层状化合物（$La_{0.95}RE_{0.05}$）$_2$（OH）$_4SO_4 \cdot nH_2O$（RE=Er、Ho 和 Tm）作为自牺牲模板在氟化镧基体上转换荧光粉合成中的应用；详细研究了合成条件，以及所得氟化镧基体上转换荧光粉在空气中的物相演化及几种重要激活剂离子在氟化镧晶格中的光致发光行为，主要结论如下：

（1）241-LRH 模板在 180℃ 的条件下反应 24h 可以合成（$La_{0.95}RE_{0.05}$）F_3（RE=Er、Ho 和 Tm），XRD 精修结果显示，虽然 La、Yb、Er 和 Ho 等稀土离子的半径相差较大，但 241-LRH 模板仍然成功转化为（$La_{0.97}RE_{0.01}Yb_{0.02}$）$F_3$ 固溶体，得益于模板的优势，反应过程较为迅速。180℃时，反应 0.5h 就可得到低晶

度的 LaF_3，随着反应时间的增加，结晶度增强，晶格更加完善；当反应时间为24h时，室温下便可制备晶体，随着反应温度的升高，产物结晶性增强，这表明高温可以完善晶格和增加结晶度。

（2）从模板和产物的SEM和TEM结果中可以看出模板结晶为宽150~250nm和长0.5~1.5μm的纳米板，产物通过自牺牲模板法形成了约100nm的（$La_{0.97}Yb_{0.02}Er_{0.01}$）$F_3$ 分散颗粒，证实了自牺牲模板法可制备纳米尺度的颗粒。

（3）在980nm激发下，（$La_{0.97}Yb_{0.02}Er_{0.01}$）$F_3$ 在656nm处出现了最强的发射峰，属于 Er^{3+} 的 $^4F_{9/2}\rightarrow{}^4I_{15/2}$ 跃迁，荧光寿命为1.466ms；（$La_{0.97}Yb_{0.02}Ho_{0.01}$）$F_3$ 在642nm处出现了最强的发射峰，属于 Ho^{3+} 的 $^5F_5\rightarrow{}^5I_8$ 跃迁，荧光寿命为0.745ms；（$La_{0.97}Yb_{0.02}Tm_{0.01}$）$F_3$ 在804nm处出现了最强的发射峰，属于 Tm^{3+} 的 $^3H_4\rightarrow{}^3H_6$ 跃迁。

3.3 稀土氟氧化物（$La_{0.95-x}Gd_xEu_{0.05}$）OF（x=0~0.75）荧光粉的自牺牲模板合成及下转换发光性能研究

3.3.1 引言

前两小节表明硫酸盐型稀土层状化合物（La,RE）-241 LRH可作为合成氟化镧基体晶格的良好前驱体，并详细叙述了合成条件及多种激活剂和激活剂组合的光致发光性能。稀土元素中镧的4f壳层为空，因此为光惰性元素，其相关化合物适于作为发光材料的基体晶格。另外镥元素4f壳层为全满，因此也表现出光惰性，相关材料可作为基体晶格，但镥元素价格昂贵，因此应用并不广泛。钆元素较为特别，其4f壳层为半满，也可作为基体晶格，但表现出一定光活性，研究表明其对多种激活剂的发光有较好的能量传递及敏化效果，并且含钆元素的化合物也表现出优异的磁性能。本小节介绍钆元素掺杂对层状化合物前驱体物相及形貌的影响，并研究以掺入钆元素的层状化合物作为自牺牲模板在稀土氟化物合成中的应用；研究三价铕离子在相关氟化物晶格中的光致发光性能，包括激发/发射光谱、荧光色、主发射峰的荧光衰减曲线及变温发射光谱等性能。

3.3.2 稀土氟氧化物（$La_{0.95-x}Gd_xEu_{0.05}$）OF（x=0~0.75）荧光粉的自牺牲模板合成

样品的合成步骤如下：将NaF粉末溶解在60mL水中，然后在室温下向其中加入2mmol的制备好的（$La_{0.95-x}Gd_xEu_{0.05}$）$_2$（OH）$_4SO_4\cdot nH_2O$ 241-LRH模板。磁力搅拌30min后，放入水热釜中，在100℃反应24h。通过离心收集最终产物，然后用水洗涤3次以除去副产物，用无水乙醇冲洗，并在70℃空气中干燥24h。样品煅烧气氛为空气气氛，升温速度为5℃/min，保温时间2h，保温结束后样品随炉冷却。

图 3-23 为在 100℃和 pH=9 条件下通过水热反应 24h 所得掺杂不同钆元素产物的 XRD 图谱。从图 3-23 中可以看出掺杂钆含量为 $x=0\sim0.4$ 的样品呈现出相似的 XRD 图谱，且所得 XRD 与本书前几章及文献报道的 Ln-241 型硫酸盐型稀土层状化合物的衍射峰匹配良好。当钆掺杂含量上升为 $x=0.5\sim0.75$ 时，可发现产物的 X 射线衍射峰与 $x=0\sim0.4$ 的产物的衍射峰出现明显不同。详细分析发现 $x=0.5\sim0.75$ 产物各个衍射峰出现的位置与 $x=0\sim0.4$ 产物相同，证明其物相同样为 Ln-241 型层状化合物，但 $x=0.5\sim0.75$ 产物的（002）衍射峰强度远强于其他衍射峰。推测其原因为随着钆的掺入，产物的形貌发生了变化。钆掺杂量为 $x=0.95$ 产物的 XRD 图谱中最强衍射峰为（111）衍射峰，推测其原因也主要为钆掺杂引起的形貌变化。

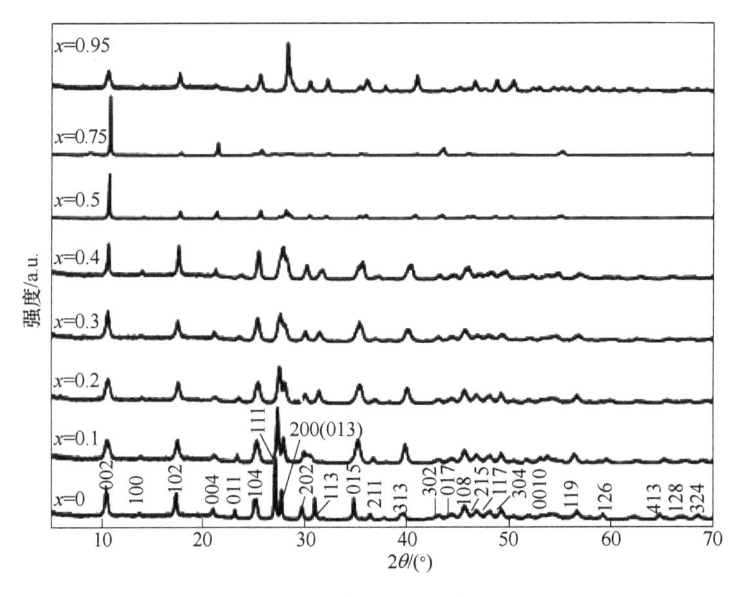

图 3-23 水热条件为 100℃、pH=9、反应 24h 时所得 $(La_{0.95-x}Gd_xEu_{0.05})_2(OH)_4SO_4\cdot nH_2O$（$x=0\sim0.95$，具体数值标于图中）模板的 XRD 图谱

图 3-24 为 $(La_{0.95-x}Gd_xEu_{0.05})_2(OH)_4SO_4\cdot nH_2O$（$x=0\sim0.95$）模板与 NaF 在 100℃下反应 24h 所得产物 XRD 图谱，从图中可以看出，整组样品的衍射峰都能够与 $Y(OH)_{1.57}F_{1.43}$（JCPDS No.80-2008）良好匹配，根据本书相关工作中使用的稀土离子源可以认为氟化反应后所得产物为 $(La_{0.95-x}Gd_xEu_{0.05})(OH)_2F$。进一步分析发现产物的衍射峰随着钆含量的增加（$x$ 值的增大），有规律地向大角度偏移，证明钆元素较好地固溶到样品中形成固溶体，钆的离子半径小于镧的离子半径，钆元素的掺入导致晶格收缩，因此衍射峰向高角度偏移。

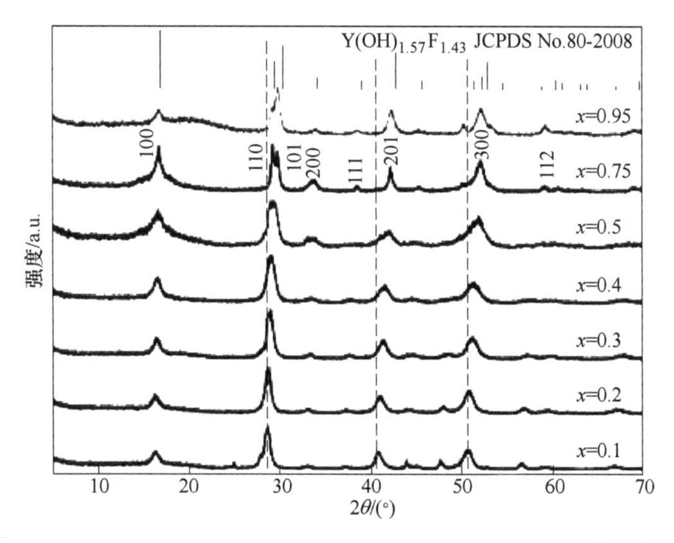

图 3-24 （$La_{0.95-x}Gd_xEu_{0.05}$）$_2$(OH)$_4$SO$_4$ · nH$_2$O(x=0~0.95) 模板与 NaF（稀土和 F^- 比例为 1/30）在 100℃下反应 24h 所得产物 XRD 图谱

图 3-25 为层状化合物模板与氟化产物典型成分的傅里叶红外光谱图。图 3-25（a）为层状化合物前驱体的红外光谱，图中在 3252cm^{-1}和 1656cm^{-1}处的振动可归因于结构中结合水的 OH-拉伸振动和 H-O-H 弯曲模式。在 540cm^{-1}和 797cm^{-1}处的吸收是水分子和金属离子配位的弯曲模式的结果，而 3604cm^{-1}和 3476cm^{-1}的两个分离的锐带归因于羟基。588~1176cm^{-1}尖锐的振动归属于硫酸根的振动。这与前驱体的化学式（$La_{0.95-x}Gd_xEu_{0.05}$）$_2$(OH)$_4$SO$_4$ · nH$_2$O 对应良好。

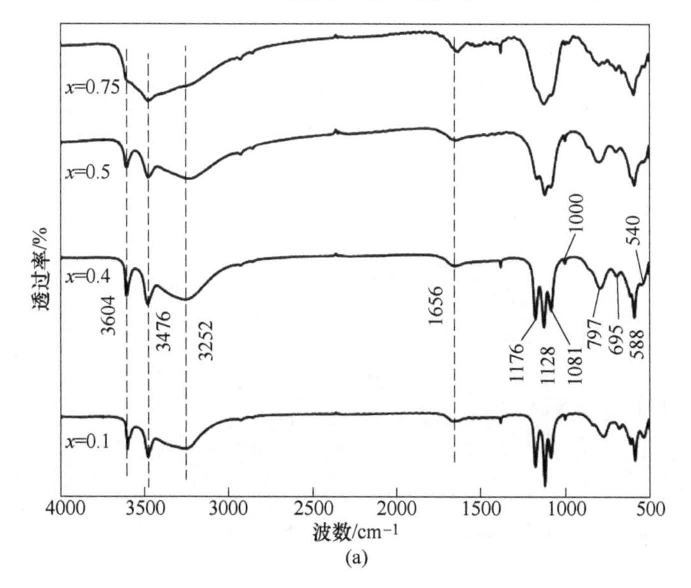

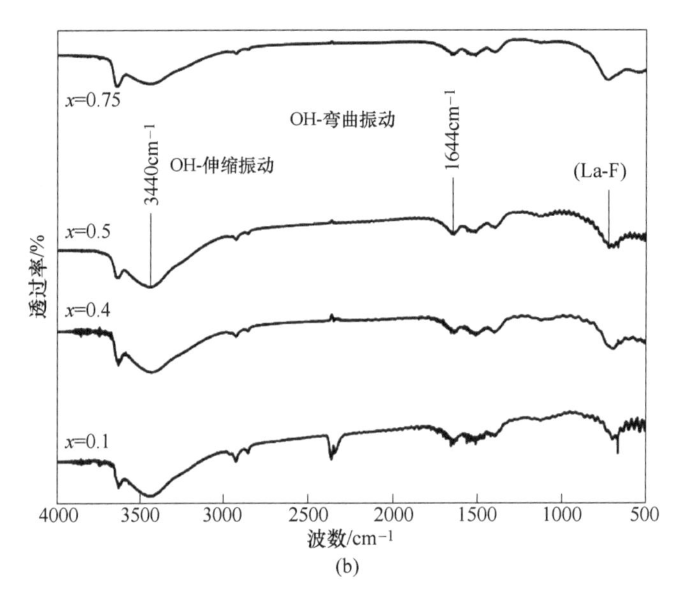

图 3-25 $(La_{0.95-x}Gd_xEu_{0.05})_2(OH)_4SO_4 \cdot nH_2O$（$x=0.1$、0.4、0.5 和 0.75）模板（a）和 $(La_{0.95-x}Gd_xEu_{0.05})(OH)_2F$（$x=0.1$、0.4、0.5 和 0.75）氟化产物（b）的傅里叶变换红外光谱

从图 3-25（b）中已经观察不到硫酸根的振动，说明层状化合物自牺牲模板已经氟化完全，进一步证明了产物的纯度。图 3-25（b）中 $3440cm^{-1}$ 和 $1644cm^{-1}$ 附近的吸收带是由前驱体 $(La_{0.95-x}Gd_xEu_{0.05})(OH)_2F$（$x=0.1$、0.4、0.5 和 0.75）中的 OH-伸缩和弯曲振动引起的。

图 3-26 显示了合成的 $(La_{0.95-x}Gd_xEu_{0.05})_2(OH)_4SO_4 \cdot nH_2O$（$x=0 \sim 0.75$）模板的 SEM 图谱，其以层状结构形态良好结晶，前体显示出层状结构，该层状结构具有大的接触面积以加速反应，并且平均粒度从 100nm 至 1μm。当 $x=0.95$ 时，产物为 $(Gd_{0.95}Eu_{0.05})_2(OH)_4SO_4 \cdot nH_2O$，晶格中的 La^{3+} 完全被 Gd^{3+} 替代，产物的晶格发生了改变，此时的晶体平均尺寸增加到 25μm 左右。

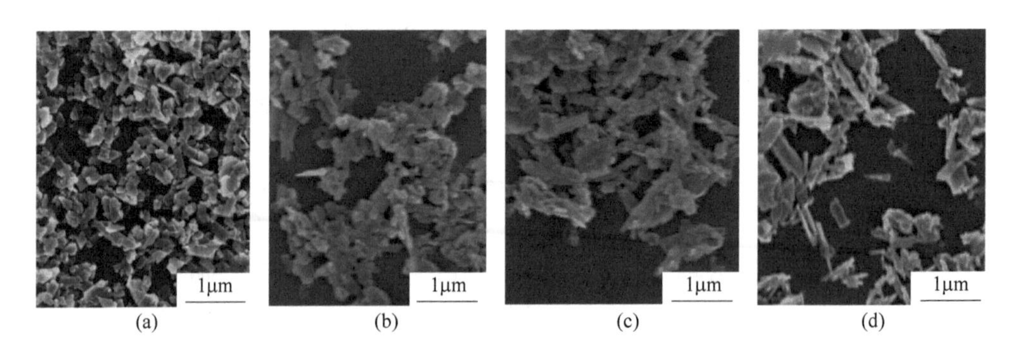

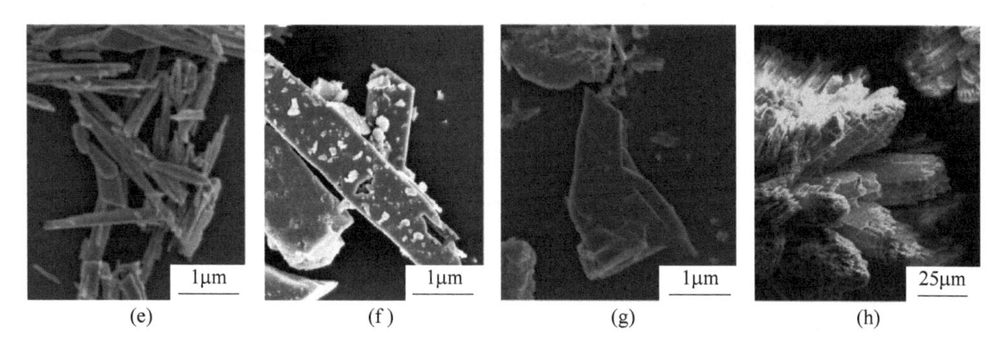

图 3-26 $(La_{0.95-x}Gd_xEu_{0.05})_2(OH)_4SO_4 \cdot nH_2O$($x$=0~0.95) 模板的 SEM 图谱

(a) x=0; (b) x=0.1; (c) x=0.2; (d) x=0.3; (e) x=0.4; (f) x=0.5; (g) x=0.75; (h) x=0.95

图 3-27 中有不同的形态，包括纳米片、纳米棒。$(La_{0.95}Eu_{0.05})F_3$ 纳米片在没有 Gd^{3+}的情况下获得，可以看出，$(La_{0.95}Eu_{0.05})F_3$ 纳米晶结晶为相对薄且均匀的片，横向尺寸约为 200nm，厚度约为 20nm。$(La_{0.95-x}Gd_xEu_{0.05})(OH)_2F$ 的所有晶相都比 $(La_{0.95}Eu_{0.05})F_3$ 的大，这主要是因为 Gd^{3+}的掺杂导致了产物形貌的变化。

图 3-27 $(La_{0.95-x}Gd_xEu_{0.05})(OH)_2F$($x$=0~0.75) 的 SEM 图谱

(a) x=0; (b) x=0.1; (c) x=0.2; (d) x=0.3; (e) x=0.4; (f) x=0.5; (g) x=0.75

3.3.3 稀土氟氧化物（$La_{0.95-x}Gd_xEu_{0.05}$）OF（$x=0\sim0.75$）荧光粉下转换发光性能研究

图 3-28 为（$La_{0.95-x}Gd_xEu_{0.05}$）$(OH)_2F$ 晶体激发光谱和发射光谱。

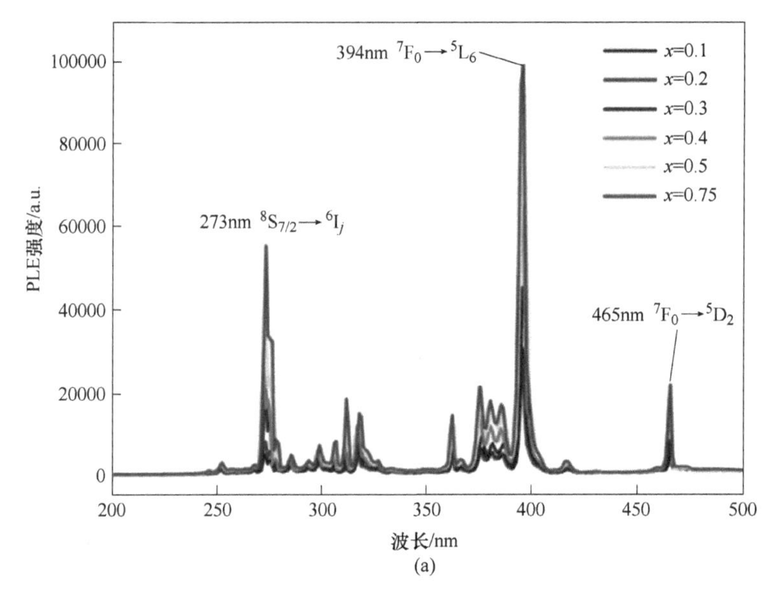

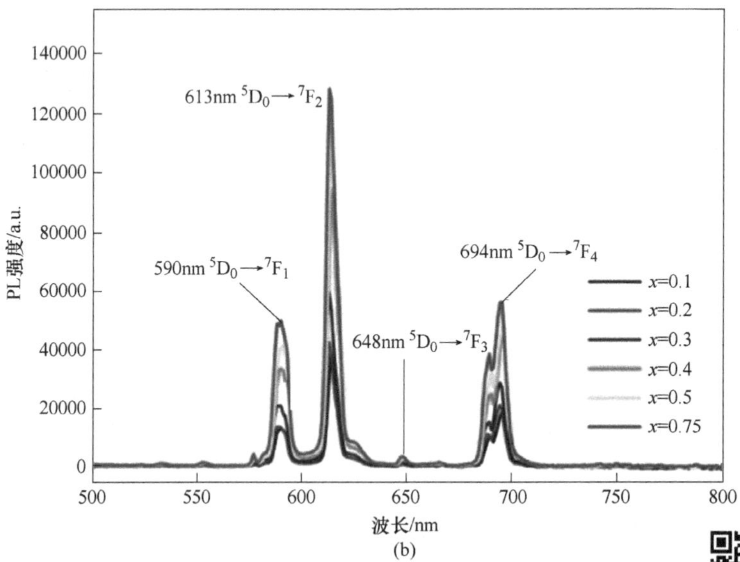

图 3-28 （$La_{0.95-x}Gd_xEu_{0.05}$）$(OH)_2F$（$x=0.1\sim0.75$）激发光谱（a）及发射光谱（b）
（监控发射波长为 613nm，激发波长为 394nm）

图 3-28 彩图

监控发射波长和激发波长分别是 613nm 和 394nm。由图 3-28（a）可知激发光谱中最强的主激发峰出现在 394nm 处，归属于 Eu^{3+} 的$^7F_0 \rightarrow ^5L_6$ 跃迁。位于 273nm 处的跃迁对应于 Gd^{3+} 的$^8S_{7/2} \rightarrow ^6I_j$ 跃迁。在 394nm 紫外光激发下，发射光谱由 4 个发射峰组成，其中，最高强度的$^5D_0 \rightarrow ^7F_2$(613nm）跃迁，中等强度的$^5D_0 \rightarrow ^7F_1$(590nm）跃迁和$^5D_0 \rightarrow ^7F_4$(694nm）跃迁。从主发射峰荧光强度与 Gd^{3+} 的变化趋势也可看出，随着 Gd^{3+} 含量的增加，主发射峰的强度逐渐增加，说明 Gd^{3+} 对 Eu^{3+} 的发光起到了良好的敏化作用。另外，随着 Gd^{3+} 含量的增加，产物的颗粒尺寸逐渐增大，由纳米片向微米片逐渐过渡也是荧光强度增加的一个原因，但 Gd^{3+} 的敏化作用起着更主导的作用，因为对于 x=0.75 的产物而言，其微观形貌并非为微米级但仍然在所有样品中呈现出最强的发射。

图 3-29 是不同温度下（$La_{0.95-x}Gd_xEu_{0.05}$)$(OH)_2F$(x=0.3）的发射光谱，温度从 50℃到 250℃，每 25℃扫描一次样品。与图 3-28（b）中的室温光致发光相比，图 3-29（a）很明显没有出现新的峰，并且发射峰的位置也与其相同，发射峰强度随着测量温度的升高而降低，在 175℃和 250℃分别降低到初始值的 49.0%和 32.9%。从这些结果可以推断，荧光粉具有优异的热稳定性。在图 3-29（b）中，热猝灭的活化能（ΔE）由下面的方程计算：

$$I = I_0/\{1 + \exp[-\Delta E/(kT)]\} \tag{3-2}$$

式中，I_0 为室温时的荧光强度；I 为测量温度时的荧光强度；k 为玻耳兹曼常数，约为 8.617×10^{-5} eV；T 为绝对温度，K；ΔE 为热猝灭活化能。计算结果 ΔE = 0.235eV。

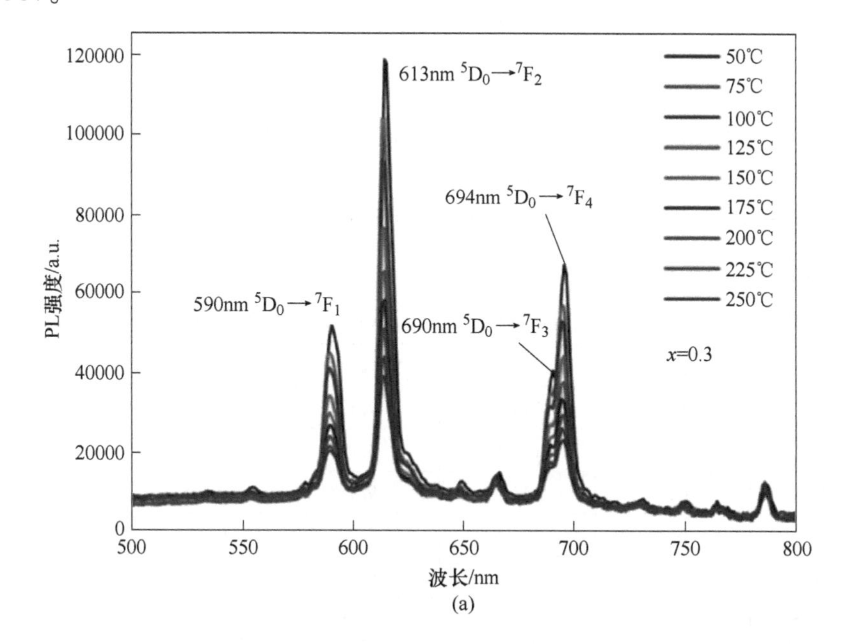

(a)

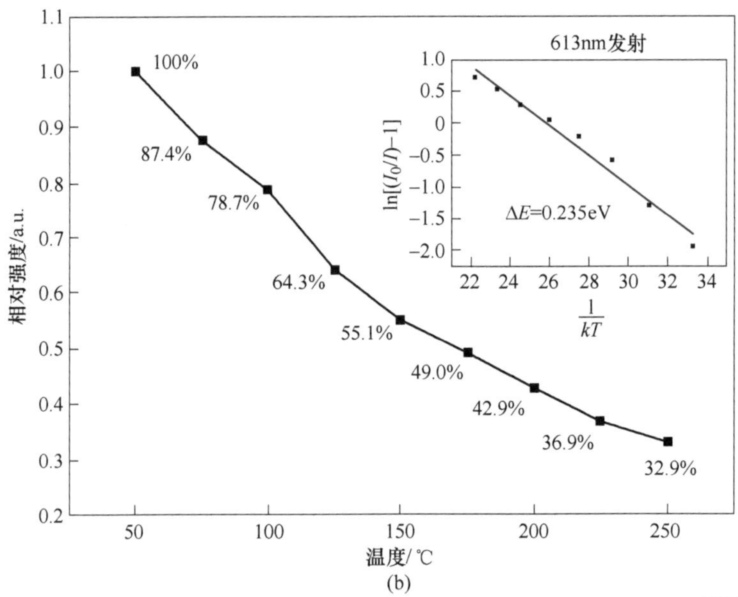

图 3-29 $(La_{0.95-x}Gd_xEu_{0.05})(OH)_2F(x=0.3)$
在不同温度下的发射图谱（a）（激发波长为 394nm）和
613nm 处的发射峰的强度随温度的变化趋势（b）

图 3-29 彩图

图 3-30（a）是不同 Gd^{3+} 含量 $(La_{0.95-x}Gd_xEu_{0.05})(OH)_2(x=0.1\sim0.75)$ 荧光粉中 $^5D_0\rightarrow{}^7F_2$(613nm) 跃迁的荧光衰减曲线，分析发现该衰减具有单指数函数行为，因此数据可按单指数函数拟合，拟合结果见表 3-3。拟合后发现荧光寿命分别为 1.11ms、1.10ms、1.17ms、0.95ms、0.90ms 和 0.95ms。图 3-30（b）是该荧光粉在色坐标系中的坐标图，经过计算得出荧光粉的色坐标分别为 (0.61，0.38)($x=0.1$)、(0.61，0.38)($x=0.2$)、(0.61，0.38)($x=0.3$)、(0.62，0.37)($x=0.4$)、(0.63，0.37)($x=0.5$) 和（0.62，0.37）（$x=0.75$），该荧光粉位于橙红光区。

表 3-3 $(La_{0.95-x}Gd_xEu_{0.05})(OH)_2F$ 在 613nm 处的发射峰的荧光寿命拟合结果

x 值	λ_{em}/nm	A	B	χ^2	寿命 τ/ms
$x=0.1$	613	120.3	7.1	0.99	1.11
$x=0.2$	613	120.0	5.9	0.99	1.10
$x=0.3$	613	127.2	9.1	0.99	1.17
$x=0.4$	613	194.8	6.3	0.99	0.95
$x=0.5$	613	226.5	6.3	0.99	0.90
$x=0.75$	613	349.9	11.9	0.99	0.95

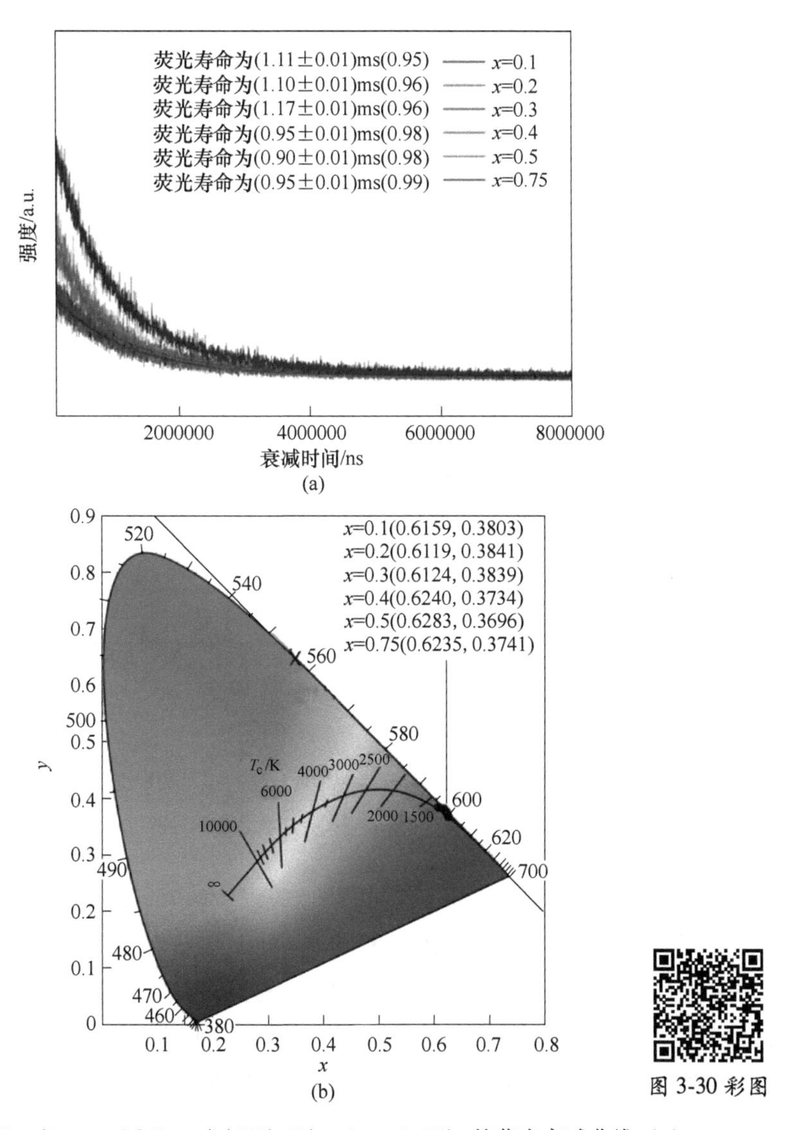

图 3-30 彩图

图 3-30 （$La_{0.95-x}Gd_xEu_{0.05}$）$(OH)_2F$（x=0.1~0.75）的荧光衰减曲线（a）和（$La_{0.95-x}Gd_xEu_{0.05}$）$(OH)_2F$（x=0.1~0.75）的色坐标系中的色坐标（b）

图 3-31 为（$La_{0.95-x}Gd_xEu_{0.05}$）$(OH)_2F$（x=0.1~0.95）在空气气氛中于 700℃ 煅烧 2h 后产物的 XRD 图谱，当 x = 0.1 和 x = 0.2 时，产物为（$La_{0.95-x}Gd_xEu_{0.05}$）$(OH)_2F$ 和（$La_{0.95-x}Gd_xEu_{0.05}$）OF 的混合物；当 x=0.3 时，产物的衍射峰与 T-LaOF（JCPDS No. 44-0121）的衍射峰相似，可以确定为 T-（$La_{0.65}Gd_{0.3}Eu_{0.05}$）OF；当 x=0.75 时，产物的衍射峰与 R-LaOF（JCPDS No.06-0281）

的衍射峰相似，可以确定为 R-$(La_{0.2}Gd_{0.75}Eu_{0.05})OF$，随着 x 值的增加，产物的衍射峰逐渐与 GdOF(JCPDS No.50-0569) 的衍射峰一致，直到 $x=0.95$ 时，产物完全变成了 $(Gd_{0.95}Eu_{0.05})OF$。

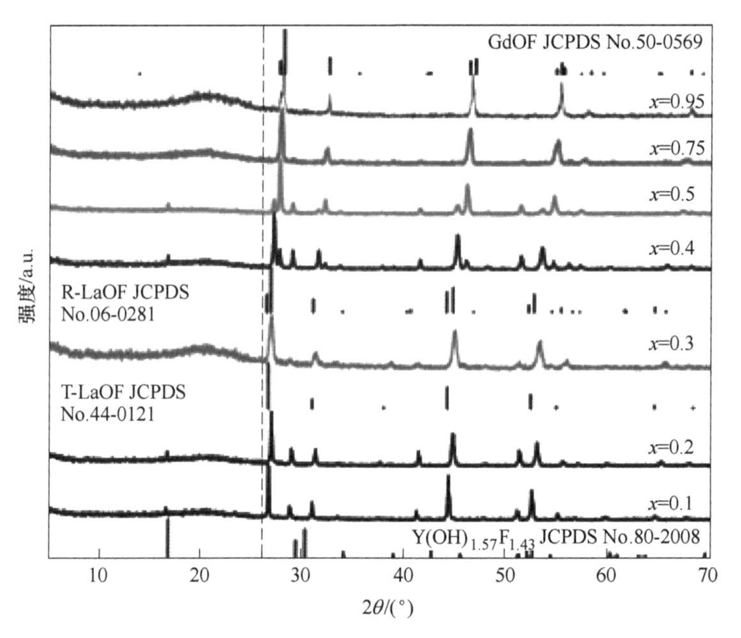

图 3-31　$(La_{0.95-x}Gd_xEu_{0.05})(OH)_2F$ ($x=0.1\sim0.95$) 在 700℃ 空气中煅烧 2h 后产物 XRD 图谱

图 3-32 为 $(La_{0.95-x}Gd_xEu_{0.05})OF$ ($x=0.95$、0.75 和 0.3) 荧光粉的激发光谱 (a) 和发射光谱 (b)。由图 3-32 (a) 可知激发光谱由一个宽的激发带和几个尖锐的激发峰组成，出现在 250~300nm 的宽带处，归属于 Eu 到 O 的电荷转移 (CTB)，其余的发射峰分别是 393nm 的 $^7F_0\rightarrow{}^5L_6$ 跃迁和 465nm 的 $^7F_0\rightarrow{}^5D_2$ 跃迁。出现在约 313nm 处的激发峰对应于 Gd^{3+} 的跃迁，并且可以发现该处跃迁强度随着 Gd^{3+} 含量的升高而明显升高，进一步说明 Gd^{3+} 已经成功掺杂到晶格中，并起到了良好的作用。图 3-32 (b) 的发射光谱出现了 4 个发射峰，分别对应 Eu^{3+} 的最高强度的 $^5D_0\rightarrow{}^7F_2$(608nm) 跃迁，中等强度的 $^5D_0\rightarrow{}^7F_3$(625nm) 跃迁，低强度的 $^5D_0\rightarrow{}^7F_4$(704nm) 和 $^5D_0\rightarrow{}^7F_1$(590nm) 跃迁，最低强度的 $^5D_0\rightarrow{}^7F_3$ (652nm) 跃迁。

图 3-33 (a) 是 $(La_{0.95-x}Gd_xEu_{0.05})OF$ ($x=0.95$、0.75 和 0.3) 荧光粉中 $^5D_0\rightarrow{}^7F_1$(608nm) 跃迁的荧光衰减曲线，分析发现该衰减具有单指数函数行为，数据可按单指数函数拟合。拟合后发现 $x=0.95$、$x=0.75$、$x=0.3$ 所对应荧光粉

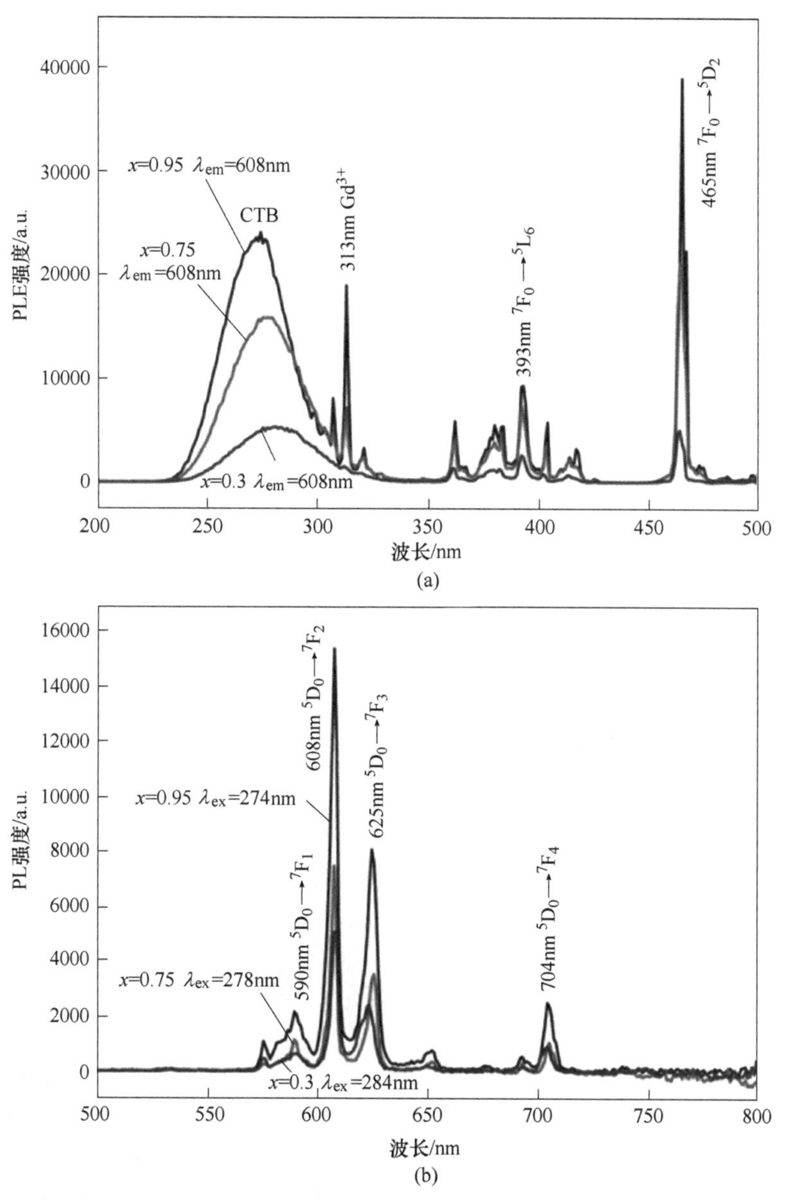

图 3-32 （$La_{0.95-x}Gd_xEu_{0.05}$）OF(x=0.95、0.75 和 0.3)
荧光粉的激发光谱（a）及发射光谱（b）
（发射波长为 608nm，x=0.95、0.75 和 0.3 对应的激发波长分别为 274nm、278nm 和 284nm）

的荧光寿命即发射强度衰减到初始强度的 1/e 时对应的时间分别为 2.00ms、1.42ms 和 1.49ms。图 3-33（b）是由（$La_{0.95-x}Gd_xEu_{0.05}$）OF(x = 0.95、0.75 和 0.3）荧光粉发射光谱计算所得色坐标，经过计算得出成分为 x=0.95、x=0.75、

$x=0.3$ 荧光粉的色坐标分别为（0.64，0.35）、（0.64，0.35）和（0.64，0.35），在图中可以看出荧光粉的发光颜色位于典型的橙红光区。

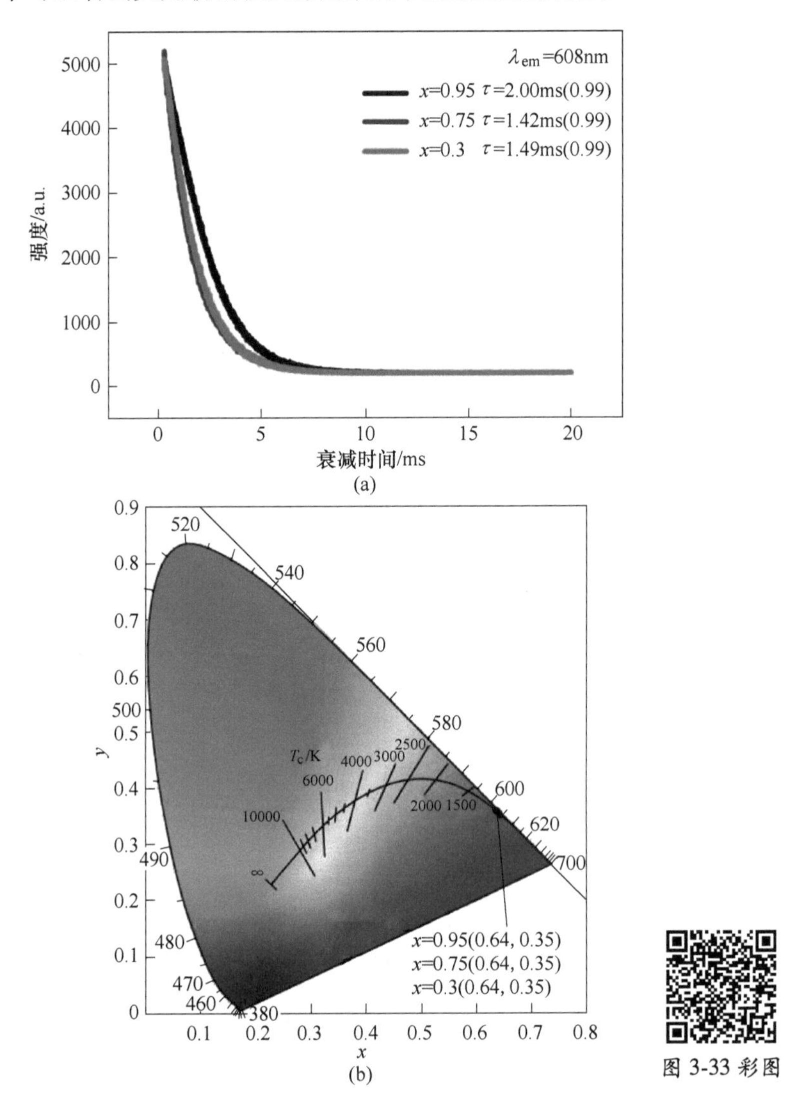

图 3-33　$(La_{0.95-x}Gd_xEu_{0.05})OF$（$x=0.95$、0.75 和 0.3）荧光粉主发射峰荧光衰减曲线（a）及 $(La_{0.95-x}Gd_xEu_{0.05})OF$（$x=0.95$、0.75 和 0.3）在色坐标系中的色坐标（b）

3.3.4　本节小结

本节介绍了硫酸盐型稀土层状化合物 $(La_{0.95-x}Gd_xEu_{0.05})_2(OH)_4SO_4 \cdot nH_2O$ 作为自牺牲模板在氟化镧基体荧光粉合成中的应用；详细研究了合成条件，以及所得氟化镧基体荧光粉在空气中的物相演化，几种重要激活剂离子在氟化镧晶格中的光致发光行为及 Gd^{3+} 在氟化镧晶格中的敏化和能量传递，主要结论如下：

（1）241-LRH 模板在 100℃ 的条件下反应 24h 可以合成 $(La_{0.95-x}Gd_xEu_{0.05})(OH)_2F$ 晶体。$(La_{0.95-x}Gd_xEu_{0.05})(OH)_2F$（$x$=0.95、0.75 和 0.3）在 700℃ 的空气气氛中煅烧 2h 可分别得到 $(Gd_{0.95}Eu_{0.05})OF$（x=0.95）、R-$(La_{0.2}Gd_{0.75}Eu_{0.05})OF$（$x$=0.75）和 R-$(La_{0.65}Gd_{0.3}Eu_{0.05})OF$（$x$=0.3）。

（2）中间产物 $(La_{0.95-x}Gd_xEu_{0.05})(OH)_2F$ 的最强跃迁出现在了 613nm 处，属于 Eu^{3+} 的 $^5D_0\rightarrow{}^7F_2$ 跃迁，荧光寿命在 1.11ms 到 0.95ms 之间。$(La_{0.95-x}Gd_xEu_{0.05})OF$（$x$=0.95、0.75 和 0.3）荧光粉在 608nm 处出现了最强的发射峰，来源于 Eu^{3+} 的 $^5D_0\rightarrow{}^7F_1$ 跃迁，$(Gd_{0.95}Eu_{0.05})OF$（x=0.95）、R-$(La_{0.2}Gd_{0.75}Eu_{0.05})OF$（$x$=0.75）和 R-$(La_{0.65}Gd_{0.3}Eu_{0.05})OF$（$x$=0.3）的荧光寿命分别为 2.00ms、1.42ms 和 1.49ms。

（3）研究发现，无论是中间产物还是最终的氟氧化物，随着 Gd^{3+} 含量的增加，主发射峰的强度逐渐增加，证实了 Gd^{3+} 对 Eu^{3+} 发光的敏化作用。另外，随着 Gd^{3+} 含量的增加，产物的颗粒尺寸逐渐增大，由纳米片向微米片逐渐过渡也是荧光强度增加的一个原因。

3.4 稀土氟氧化物 $(La_{0.77}Gd_{0.2}Yb_{0.01}RE_{0.02})OF$(RE=Er、Ho 和 Tm) 荧光粉的制备及上转换发光性能研究

3.4.1 引言

上一小节中研究表明 Gd^{3+} 能够较好地敏化三价铕离子在氟化物晶格中的发光，随着 Gd^{3+} 含量的增加，层状化合物模板的微观形貌由纳米级向微米级过渡。氟化物因其较低的晶格能量更适于作为上转换发光的晶格。本节研究 Gd^{3+} 敏化的氟化物晶格中典型上转换离子对 Yb-Ho、Yb-Er 及 Yb-Tm 的上转换发光行为；详细研究功率依赖上转换光谱、上转换机制、荧光色、主发射峰荧光衰减行为及变温上转换发射光谱等性能。

3.4.2 稀土氟氧化物 $(La_{0.77}Gd_{0.2}Yb_{0.01}RE_{0.02})OF$(RE=Er、Ho 和 Tm) 荧光粉的制备

将 NaF 粉末溶解在 60mL 水中，然后在室温下向其中加入 2mmol 的制备好的 $(La_{0.77}Gd_{0.2}Yb_{0.01}RE_{0.02})_2(OH)_4SO_4\cdot nH_2O$(RE=Er、Ho 和 Tm) 模板。磁力搅拌 30min 后，放入水热釜中，在 100℃ 反应 24h。通过离心收集最终产物，然后用水洗涤 3 次以除去副产物，用无水乙醇冲洗，并在 70℃ 空气中干燥 24h。将

产物置于空气中煅烧得到最终产物。

图 3-34 为经水热反应所得模板的 XRD 图谱，发现 3 个样品模板的各衍射峰峰位与文献所报道的单斜结构硫酸盐型稀土层状化合物 $La_2(OH)_4SO_4 \cdot 2H_2O$ 一致，以 $(La_{0.77}Gd_{0.2}Yb_{0.01}Tm_{0.02})_2(OH)_4SO_4 \cdot 2H_2O$ 为例，将各衍射峰的晶面标于图中，可知所得产物没有其他杂质相衍射峰出现，可以确定为纯相 $(La_{0.77}Gd_{0.2}Yb_{0.01}RE_{0.02})_2(OH)_4SO_4 \cdot nH_2O$(RE=Er、Ho 和 Tm)，且较为尖锐的衍射峰表明产物具有良好的结晶性。

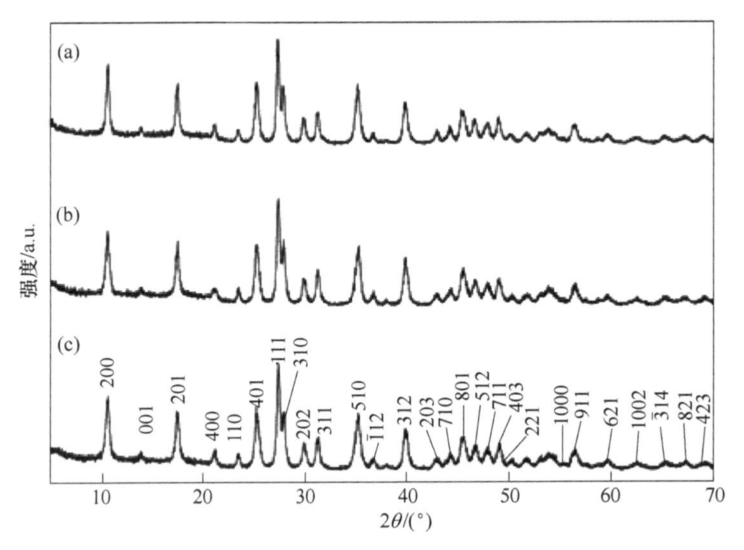

图 3-34 水热条件为 100℃、pH=9、反应 24h 时所得 $(La_{0.77}Gd_{0.2}Yb_{0.01}RE_{0.02})_2(OH)_4SO_4 \cdot nH_2O$ 模板的 XRD 图谱

(a) RE=Er；(b) RE=Ho；(c) RE=Tm

图 3-35 是 $(La_{0.77}Gd_{0.2}Yb_{0.01}RE_{0.02})_2(OH)_4SO_4 \cdot nH_2O$ (RE=Er、Ho 和 Tm) 模板与 NaF 进行氟化反应后所得产物的 XRD 图谱，从图中可以看出 3 个产物的 XRD 衍射峰与六方相的 $Y(OH)_{1.57}F_{1.43}$(JCPDS No. 80-2008) 标卡对应良好，结合本书相关实验原料及反应过程，推测所得产物化学式为 $(La_{0.77}Gd_{0.2}Yb_{0.01}RE_{0.02})(OH)_2F$。

图 3-36 为氟化产物在空气气氛中不同温度下煅烧 2h 所得产物的 XRD 图谱。从图 3-36 中可以看出，在 200℃温度的煅烧下，产物仍与氟化产物衍射峰一致，并未发生相变，从 300℃开始，产物中出现了新的衍射峰（图中标记 * 的衍射峰）。新出现的衍射峰与 T-LaOF 的（101）面和（110）面一致，但仍然存在较多氟化产物的衍射峰，随着温度持续升高，LaOF 的衍射峰变为主衍射峰，产物中仅存在微量的氟化产物的衍射峰，证明已经形成 LaOF 主相，但仍然存在部分

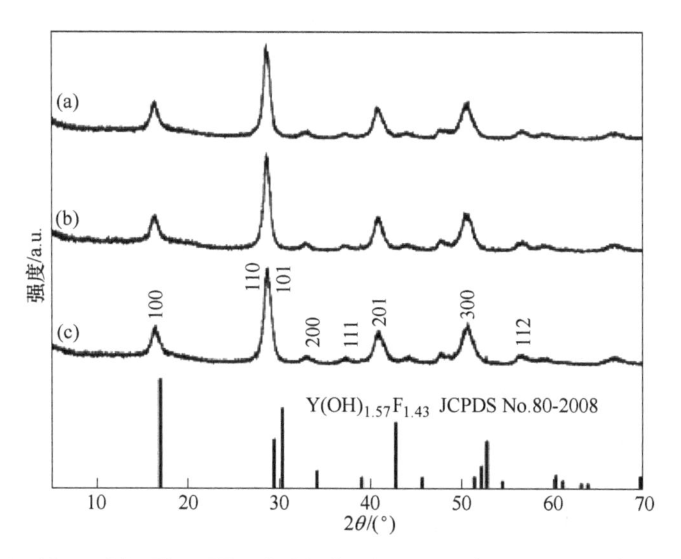

图 3-35 $(La_{0.77}Gd_{0.2}Yb_{0.01}RE_{0.02})_2(OH)_4SO_4 \cdot nH_2O$(RE=Er、Ho和Tm) 模板加入NaF(稀土和 F^- 比例为1/30) 在100℃下反应24h所得产物XRD图谱

(a) RE=Er; (b) RE=Ho; (c) RE=Tm

未反应完全的氟化产物。当温度到达700℃时，产物完全变成了纯相 T-$(La_{0.77}Gd_{0.2}Yb_{0.01}Er_{0.02})OF$。

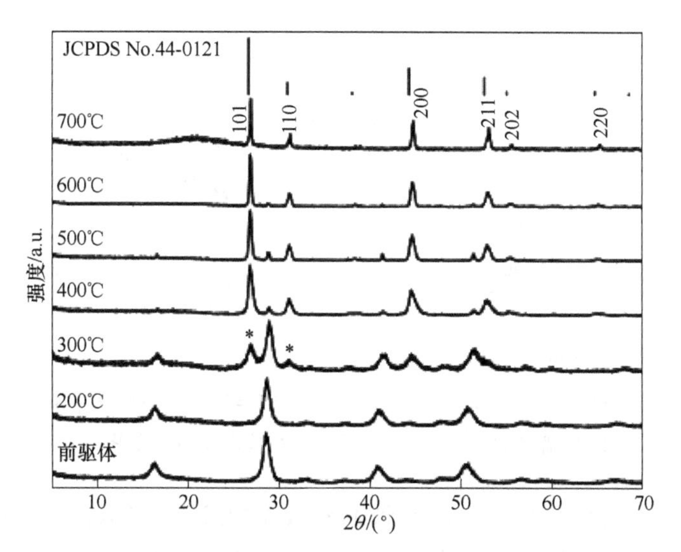

图 3-36 氟化产物 $(La_{0.77}Gd_{0.2}Yb_{0.01}Er_{0.02})(OH)_2F$ 在空气中不同温度煅烧后产物的XRD图谱

3.4.3　稀土氟氧化物（$La_{0.77}Gd_{0.2}Yb_{0.01}RE_{0.02}$）OF（RE=Er、Ho 和 Tm）荧光粉的上转换发光性能研究

图 3-37（a）为在不同激发功率下经 700℃ 煅烧所得（$La_{0.77}Gd_{0.2}Yb_{0.01}RE_{0.02}$）OF（RE=Er）纳米晶体的上转换发射光谱，激发波长为 980nm，其中发现 Er^{3+}在绿色（546/554nm）和红色（655nm）光区出现了两组强的发射峰，如图所示，绿光发射是由于 Er^{3+}内部的 4f—4f（$^2H_{11/2}/^4S_{3/2}\rightarrow{}^4I_{15/2}$）电子跃迁，而红光发射归属于 Er^{3+}（$^4F_{9/2}\rightarrow{}^4I_{15/2}$）跃迁，前者强度更高。实验合成的荧光粉的光谱特征类似于之前报道的相似晶格的 LaOF：Er^{3+}，Yb^{3+}荧光粉[23]。由于 Yb^{3+}激发态寿命较长，吸收带处在 900~1000nm，因此对 980nm 近红外光有强吸收能力，并可通过能量传递过程将吸收能量转移给 Er^{3+}上转换发光中心，实现高效率的上转换发光。由于实验少量掺杂了 Yb^{3+}（1%），光谱中绿光发射占据主导地位。图 3-37（b）是该上转换发光的强度及功率双对数图，上转换发光强度 I 与激发功率 P 之间存在如下关系：

$$I \propto P \tag{3-3}$$

式中，I 为发光强度；P 为激发功率；n 为参与上转换发光的光子数。式（3-3）两侧取对数，得出 $n=\lg I/\lg P$，图中 6 条拟合直线的斜率分别为 3.49、3.37、3.36、3.35、3.20 和 3.29，证明无论是红光还是绿光，上转换发光过程均是三光子过程。

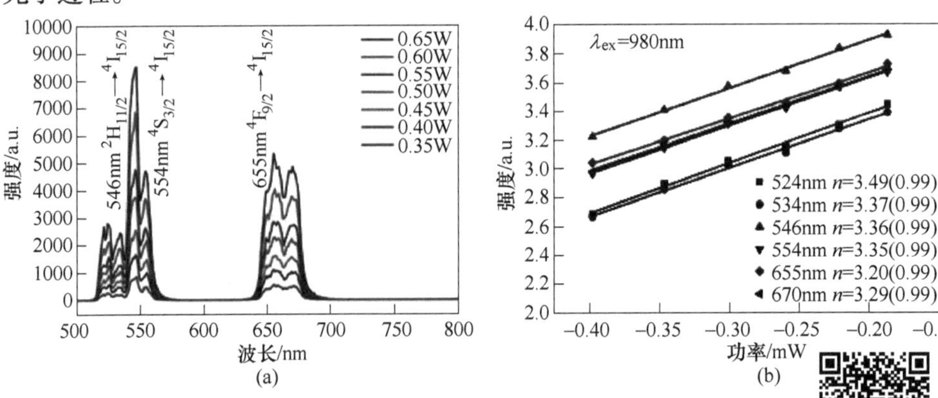

图 3-37　（$La_{0.77}Gd_{0.2}Yb_{0.01}RE_{0.02}$）OF（RE=Er）在不同功率下的发射光谱（a）和该上转换发光的强度功率双对数图（b）

图 3-37 彩图

图 3-38（a）是在 0.65W 功率 980nm 激光激发下（$La_{0.77}Gd_{0.2}Yb_{0.01}RE_{0.02}$）OF（RE=Er）荧光粉中$^2H_{11/2}\rightarrow{}^4I_{15/2}$（546nm）跃迁的荧光衰减曲线，分析发现该衰减具有单指数函数行为，因此数据可按式（3-1）进行单指数函数拟合。拟合后发现 $A=5007.16$，$B=-3.89$，荧光寿命约为 0.36ms。图 3-38（b）是不同激发

功率下的 ($La_{0.77}Gd_{0.2}Yb_{0.01}RE_{0.02}$)OF(RE = Er) 荧光粉在色坐标系中的坐标图，经过计算得出荧光粉的色坐标为 (0.32，0.66)(0.65W)、(0.32，0.65)(0.60W)、(0.32，0.65)(0.55W)、(0.32，0.65)(0.50W)、(0.32，0.65)(0.45W)、(0.33，0.65)(0.40W) 和 (0.33，0.65)(0.35W)，随着功率降低，荧光粉有规律地向红色方向移动；在图中可以看出荧光粉的发光颜色位于典型的绿光区。

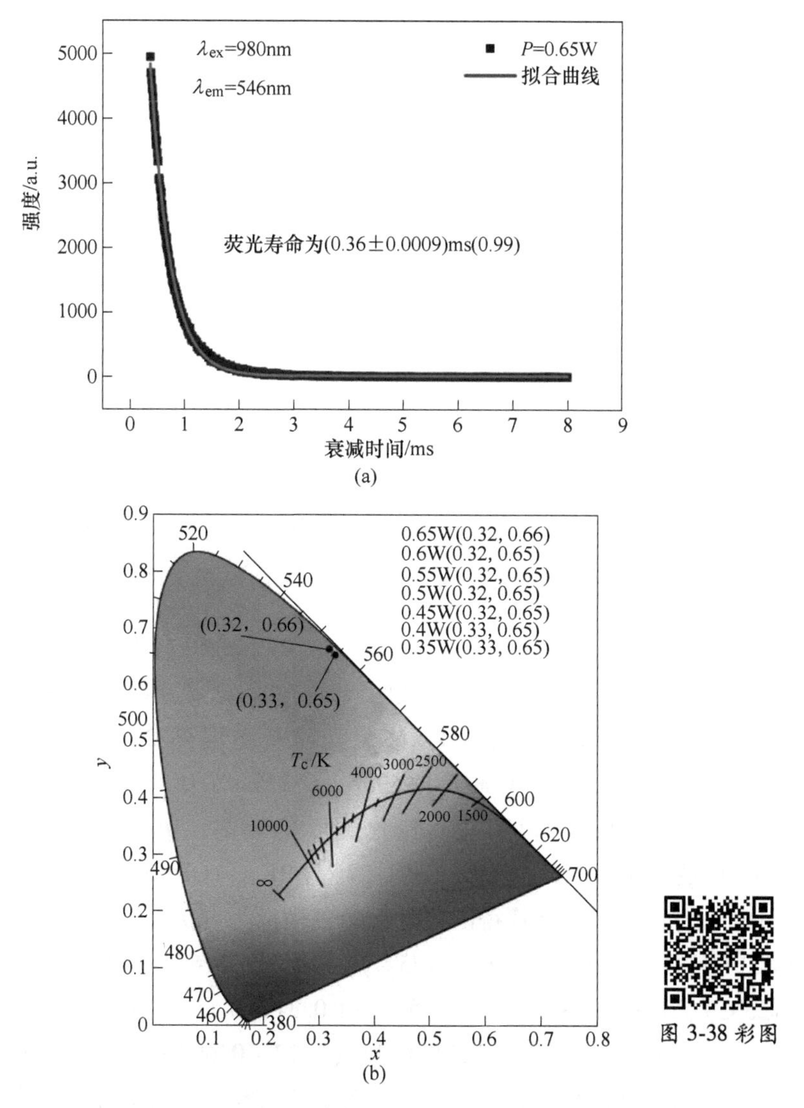

图 3-38 ($La_{0.77}Gd_{0.2}Yb_{0.01}RE_{0.02}$)OF(RE = Er) 荧光粉 546nm 处的发射峰在 0.65W 功率下的荧光衰减曲线 (a) 及色坐标图 (b)

图 3-39（a）显示了在不同温度下（$La_{0.77}Gd_{0.2}Yb_{0.01}RE_{0.02}$）OF（RE = Er）纳米晶体的上转换发射光谱（室温至 250℃），激发波长为 980nm，其中发现 Er^{3+} 在绿色（546/554nm；$^2H_{11/2}/^4S_{3/2}\rightarrow{}^4I_{15/2}$ 跃迁）和红色（655nm；$^4F_{9/2}\rightarrow{}^4I_{15/2}$ 跃迁）光谱区出现了两组强的发射峰。与室温条件下测试的光谱相比，可发现温度升高后并未出现新的发射峰，且峰型并未发生改变。如图 3-39（a）所示，随着温度的升高，荧光强度逐渐降低。图 3-39（b）是不同温度下的峰的相对强度变化曲线，以 546nm 处的发射峰为例，当温度上升到 100℃时，样品强度约下降到原来的 1/4。

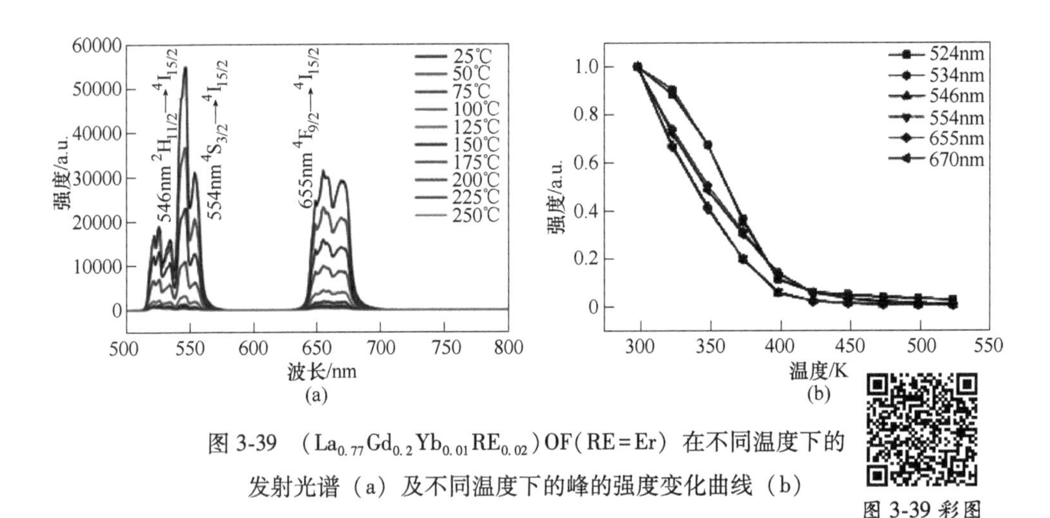

图 3-39 （$La_{0.77}Gd_{0.2}Yb_{0.01}RE_{0.02}$）OF（RE = Er）在不同温度下的发射光谱（a）及不同温度下的峰的强度变化曲线（b）

图 3-40（a）显示了（$La_{0.77}Gd_{0.2}Yb_{0.01}RE_{0.02}$）OF（RE = Er）荧光粉 546nm 处的发射峰在不同温度下的荧光衰减曲线，分析发现该系列荧光粉衰减具有单指数函数行为，拟合结果见表 3-4，该荧光粉从室温到 250℃ 的荧光寿命分别为 0.339ms、0.319ms、0.301ms、0.289ms、0.276ms、0.262ms、0.252ms、0.243ms、0.233ms 和 0.214ms，很明显，随着温度的提高，荧光寿命逐渐下降。图 3-40（b）是不同温度下的（$La_{0.77}Gd_{0.2}Yb_{0.01}RE_{0.02}$）OF（RE = Er）荧光粉在色坐标系中的坐标图，经过计算得出荧光粉的色坐标为（0.32，0.66）（室温）、（0.41，0.66）（50℃）、（0.31，0.66）（75℃）、（0.32，0.65）（100℃）、（0.34，0.63）（125℃）、（0.33，0.64）（150℃）、（0.31，0.66）（175℃）、（0.29，0.67）（200℃）、（0.28，0.68）（225℃）和（0.27，0.69）（250℃），随着温度升高，荧光粉有规律地向绿色方向移动；在图中可以看出荧光粉的发光颜色位于典型的绿光区，是因为 $^2H_{11/2}/^4S_{3/2}\rightarrow{}^4I_{15/2}$（546nm）跃迁占据了主体地位。图 3-40（c）是荧光粉寿命和温度的关系拟合图，拟合后斜率为 -1903.85。

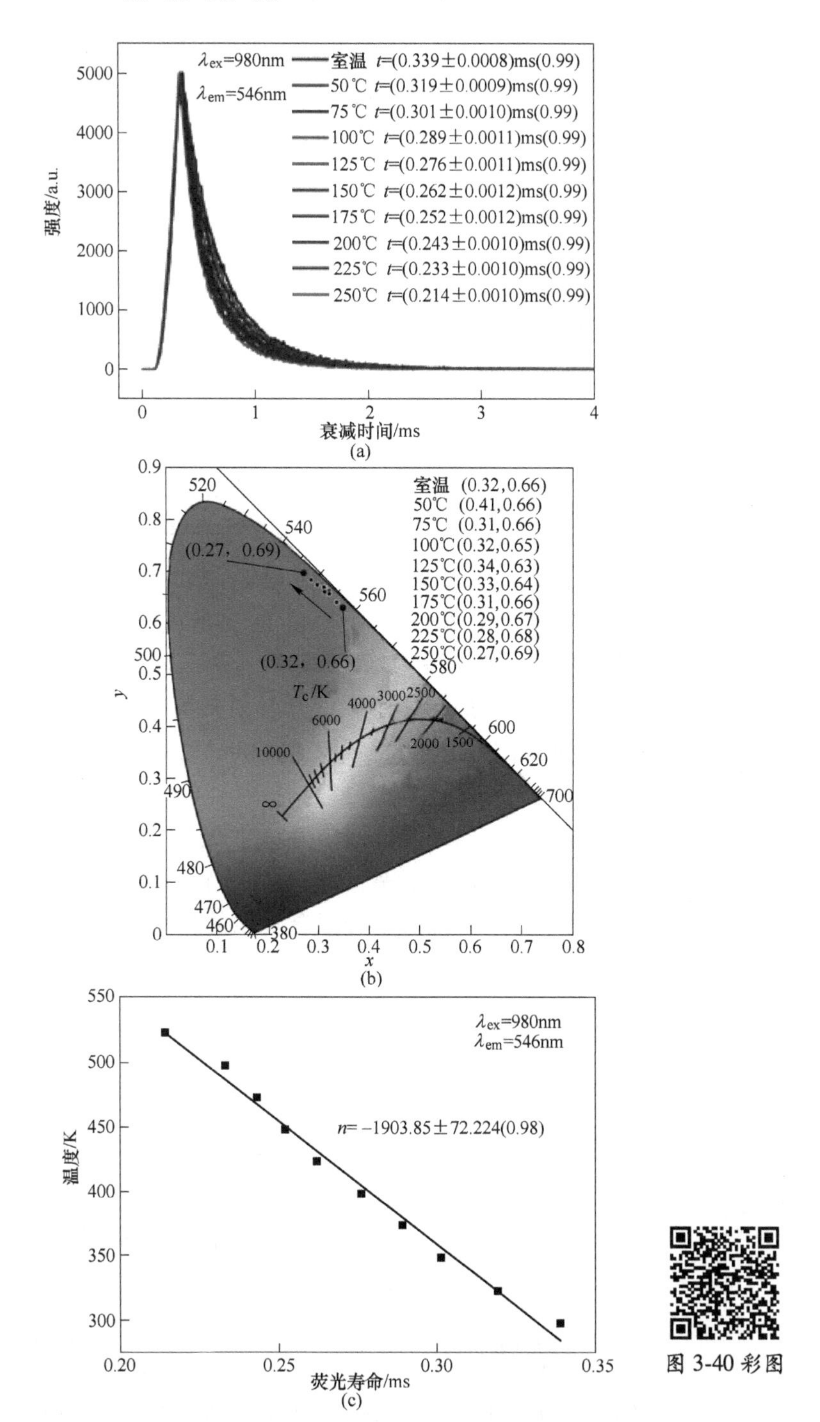

图 3-40 $(La_{0.77}Gd_{0.2}Yb_{0.01}RE_{0.02})OF$(RE=Er) 在 546nm 处的发射峰在不同温度下的荧光衰减曲线（a）、$(La_{0.77}Gd_{0.2}Yb_{0.01}RE_{0.02})OF$(RE=Er) 的色坐标图（b）及荧光粉寿命和温度的关系拟合图（c）

表 3-4　$(La_{0.77}Gd_{0.2}Yb_{0.01}RE_{0.02})OF(RE=Er)$ 荧光粉 546nm 处的发射峰在不同温度下的荧光寿命拟合结果

温度/℃	λ_{em}/nm	A	B	χ^2	寿命 τ/ms
室温	546	5015.8	10.3	0.99	0.339
50	546	5105.4	11.6	0.99	0.319
75	546	4916.6	12.9	0.99	0.301
100	546	4892.1	12.9	0.99	0.289
125	546	4907.1	12.9	0.99	0.276
150	546	4933.1	13.3	0.99	0.262
175	546	4958.1	13.4	0.99	0.252
200	546	4711.5	11.8	0.99	0.243
225	546	4531.8	11.0	0.99	0.233
250	546	4790.5	10.6	0.99	0.214

图 3-41（a）显示了在不同激发功率下 $(La_{0.77}Gd_{0.2}Yb_{0.01}RE_{0.02})OF(RE=Ho)$ 纳米晶体的上转换发射光谱，激发波长为 980nm，其中发现 Ho^{3+} 在绿色（544nm）光谱区出现了最强的发射峰，红色（652nm）和近红外（754nm）光谱区出现了两个弱的发射峰，如图所示，绿光发射归属于 Ho^{3+} 的 $^5S_2\rightarrow{}^5I_8$(544nm) 电子跃迁，红光发射归属于 Ho^{3+} 的 $^5F_5\rightarrow{}^5I_8$(652nm) 跃迁，而近红外发射是 Ho^{3+} 的（$^5S_2\rightarrow{}^5I_7$）跃迁。实验合成的荧光粉的光谱特征类似于之前报道的相似晶格的 LaOF∶Ho^{3+},Yb^{3+}荧光粉，Yb^{3+}通过能量传递过程将吸收能量转移给 Ho^{3+} 上转换发光中心，实现高效率的上转换发光。图 3-41（b）是该上转换发光的强度功率双对数图，544nm 和 652nm 处的发射峰拟合直线的斜率分别为 3.27 和 3.27，证明无论是红光还是绿光，均是三光子过程。

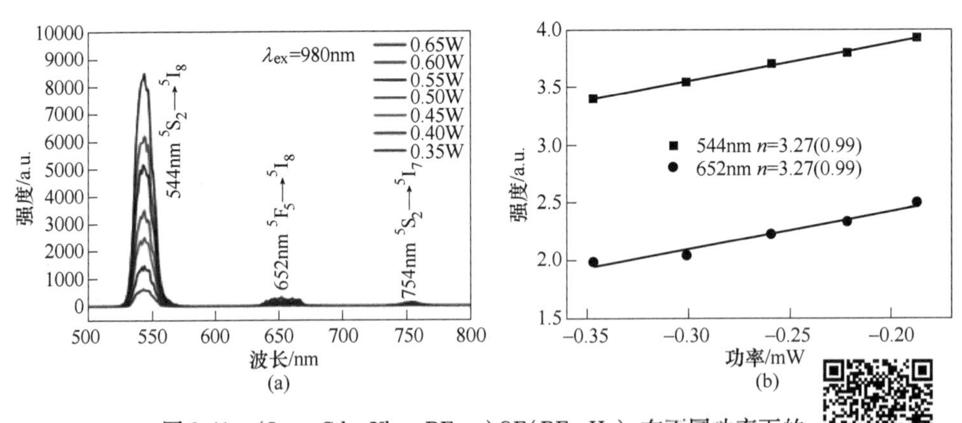

图 3-41　$(La_{0.77}Gd_{0.2}Yb_{0.01}RE_{0.02})OF(RE=Ho)$ 在不同功率下的发射光谱（a）及上转换发光的强度功率双对数图（b）

图 3-41 彩图

图 3-42（a）是 0.65 W 功率、980nm 激光激发下的 $(La_{0.77}Gd_{0.2}Yb_{0.01}RE_{0.02})OF(RE=Ho)$ 荧光粉中 $^5S_2 \rightarrow {}^5I_8(544nm)$ 跃迁的荧光衰减曲线，分析发现该衰减具有单指数函数行为，拟合后荧光寿命为 0.25ms。图 3-42（b）是不同激发功率下的 $(La_{0.77}Gd_{0.2}Yb_{0.01}RE_{0.02})OF(RE=Ho)$ 荧光粉在色坐标系中的坐标图，经过计算得出荧光粉的色坐标为（0.27，0.71）(0.65W)、(0.27，0.71)(0.60W)、(0.27，0.71)(0.55W)、(0.27，0.71)(0.50W)、(0.27，0.71)(0.45W)、(0.27，0.71)

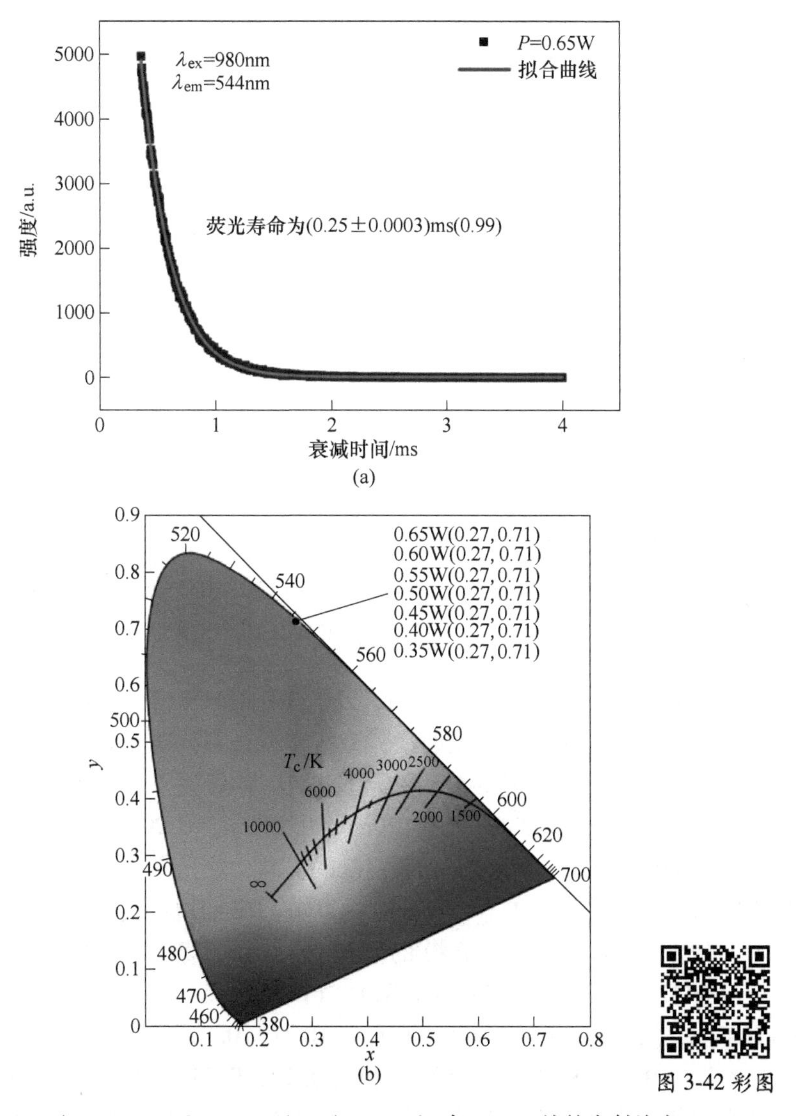

图 3-42 $(La_{0.77}Gd_{0.2}Yb_{0.01}RE_{0.02})OF(RE=Ho)$ 在 544nm 处的发射峰在 0.65W 功率、980nm 激光激发下的荧光衰减曲线（a）及 $(La_{0.77}Gd_{0.2}Yb_{0.01}RE_{0.02})OF(RE=Ho)$ 的色坐标图（b）

(0.40W) 和 (0.27, 0.71)(0.35W)，随着功率降低，荧光粉颜色的位置无明显变化，稳定性较高；在图中可以看出荧光粉的发光颜色位于典型的绿光区，是因为$^5S_2 \to ^5I_8$(544nm) 跃迁占据了主体地位。

图 3-43 (a) 显示了在不同温度下 ($La_{0.77}Gd_{0.2}Yb_{0.01}RE_{0.02}$)OF(RE=Ho) 纳米晶体的上转换发射光谱，激发波长为 980nm，其中发现 Ho^{3+} 在绿色 (544nm) 光谱区出现了最强的发射峰，红色 (652nm) 和近红外 (754nm) 光谱区出现了两个弱的发射峰。温度范围为室温到 250℃，每 25℃ 采集一次发射光谱数据，如图所示，随着温度的升高，荧光强度逐渐降低，峰的形状没有变化。图 3-43 (b) 是不同温度下的各发射峰的强度变化趋势，以 544nm 处的发射峰为例，当温度上升到 100℃时，样品强度约下降到原来的 1/2。

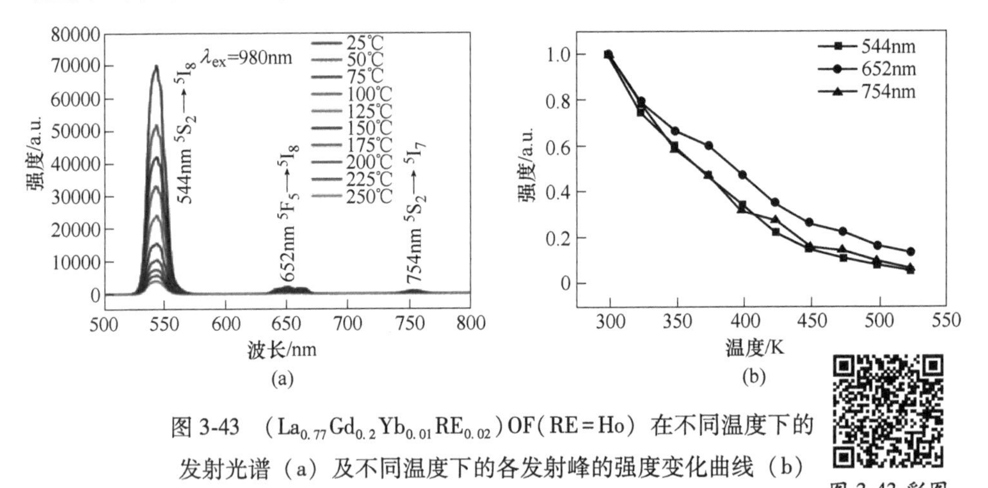

图 3-43 ($La_{0.77}Gd_{0.2}Yb_{0.01}RE_{0.02}$)OF(RE=Ho) 在不同温度下的发射光谱 (a) 及不同温度下的各发射峰的强度变化曲线 (b)

图 3-44 (a) 显示了 ($La_{0.77}Gd_{0.2}Yb_{0.01}RE_{0.02}$)OF(RE=Ho) 在 544nm 处的发射峰在不同温度下的荧光衰减曲线，分析发现该系列荧光粉衰减具有单指数函数行为，拟合后结果见表 3-5，该荧光粉从室温到 250℃ 的荧光寿命分别为 0.249ms、0.243ms、0.236ms、0.229ms、0.220ms、0.209ms、0.201ms、0.190ms、0.179ms 和 0.168ms，很明显，随着温度的提高，荧光寿命逐渐下降。图 3-44 (b) 是不同温度下的 ($La_{0.77}Gd_{0.2}Yb_{0.01}RE_{0.02}$)OF(RE=Ho) 荧光粉在色坐标系中的坐标图，经过计算得出荧光粉的色坐标为 (0.26, 0.71)(室温)、(0.26, 0.71)(50℃)、(0.26, 0.71)(75℃)、(0.26, 0.71)(100℃)、(0.27, 0.71)(125℃)、(0.27, 0.71)(150℃)、(0.27, 0.71)(175℃)、(0.27, 0.71)(200℃)、(0.27, 0.71)(225℃) 和 (0.27, 0.71)(250℃)，随着温度升高，荧光粉颜色的位置无明显变化；在图中可以看出荧光粉的发光颜色位于典型的绿光区，是因为$^5S_2 \to ^5I_8$(544nm) 跃迁占据了主体地位。图 3-44 (c) 是荧光粉寿命和温度的关系拟合图，拟合后斜率为−2722.43。

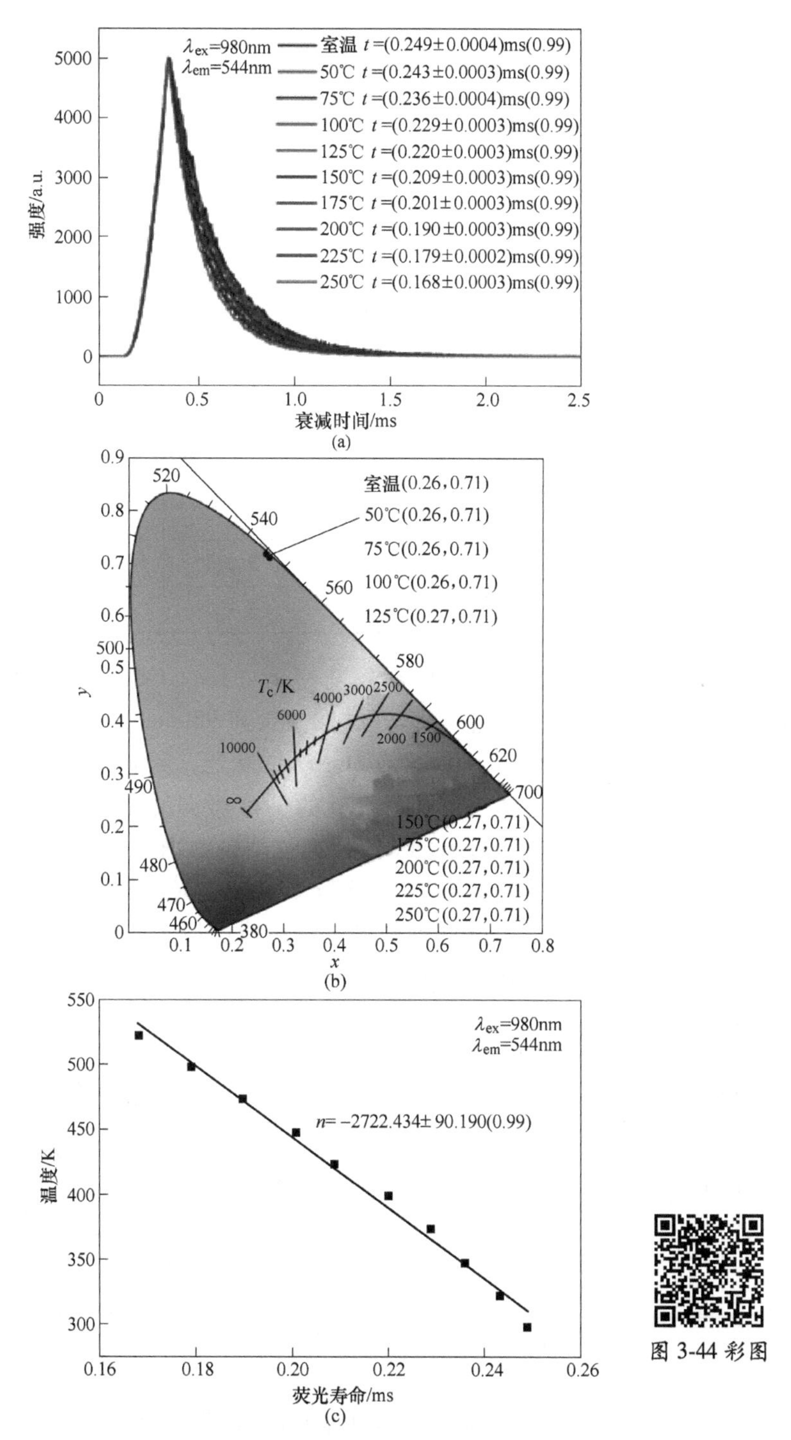

图 3-44 彩图

图 3-44 $(La_{0.77}Gd_{0.2}Yb_{0.01}RE_{0.02})OF$(RE=Ho) 在 544nm 处的发射峰在不同温度下的荧光衰减曲线（a）、该荧光粉的色坐标图（b）、荧光粉寿命和温度的关系拟合图（c）

表 3-5 $(La_{0.77}Gd_{0.2}Yb_{0.01}RE_{0.02})OF$(RE=Ho) 在 544nm 处的发射峰在不同温度下的荧光寿命

温度/℃	λ_{em}/nm	A	B	χ^2	寿命 τ/ms
室温	544	5050.8	3.3	0.99	0.249
50	544	4973.9	3.1	0.99	0.243
75	544	5019.6	3.4	0.99	0.236
100	544	5018.7	3.6	0.99	0.229
125	544	4891.1	3.8	0.99	0.220
150	544	4944.0	4.8	0.99	0.209
175	544	5038.0	5.1	0.99	0.201
200	544	4915.3	5.0	0.99	0.190
225	544	5007.4	5.0	0.99	0.179
250	544	4934.3	5.3	0.99	0.168

图 3-45（a）显示了在不同激发功率下 $(La_{0.77}Gd_{0.2}Yb_{0.01}RE_{0.02})OF$(RE=Tm) 纳米晶体的上转换发射光谱，激发波长为 980nm，主发射峰出现在 794nm 处的近红外发射区，归属于 Tm^{3+} 的 $^3H_4 \rightarrow ^3H_6$ 跃迁，随着激发功率的下降，样品强度出现了有规律的下降。在 475nm 处的 Tm^{3+} 微弱的蓝色发射意味着只有很少部分被激发的电子会从 $^1G_4$ 跃迁到 $^3H_6$，而强度高的 $^3H_4 \rightarrow ^3H_6$ 跃迁占据主导地位，样品最终产生高纯度的近红外发射。对上转换发射光谱的强度和功率进行对数转换后得到图 3-45（b），794nm 处的曲线经过线性拟合后的斜率约为 2.28，结果表明 794nm 处上转换机制是两光子过程。

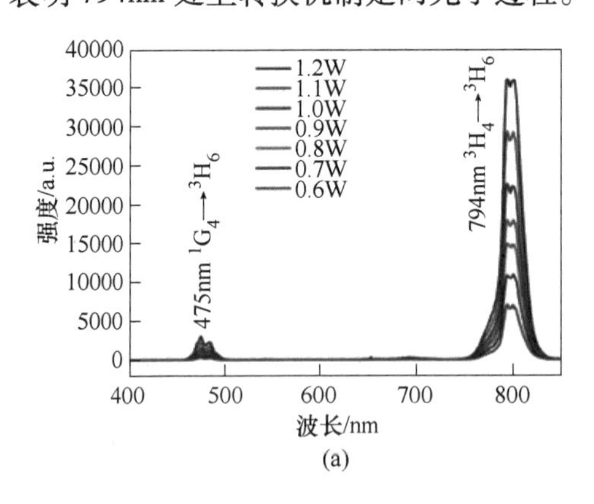

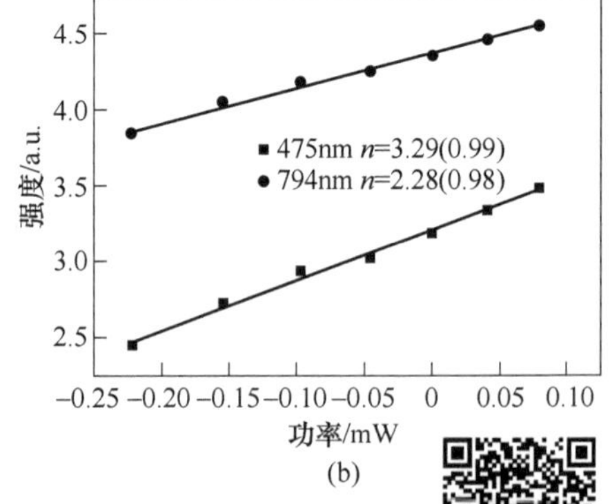

图 3-45 $(La_{0.77}Gd_{0.2}Yb_{0.01}RE_{0.02})OF$(RE=Tm) 在不同功率下的发射光谱（a）和上转换发光的强度功率双对数图（b）

图 3-45 彩图

图 3-46（a）是 1.2W 功率下（$La_{0.77}Gd_{0.2}Yb_{0.01}RE_{0.02}$）OF（RE=Tm）荧光粉中$^3H_4 \rightarrow {}^3H_6$跃迁的荧光衰减曲线，分析发现该衰减具有单指数函数行为，拟合后荧光寿命为 0.32ms。图 3-46（b）是不同激发功率下的（$La_{0.77}Gd_{0.2}Yb_{0.01}RE_{0.02}$）OF（RE=Tm）荧光粉经 400~750nm 范围内的发射光谱计算所得的色坐标图，经过计算得出荧光粉的色坐标为（0.11，0.13）（1.2W）、（0.11，0.14）（1.1W）、（0.11，0.14）（1.0W）、（0.11，0.15）（0.9W）、（0.11，0.15）（0.8W）、（0.12，0.15）（0.7W）和（0.12，0.16）（0.6W）；在图中可以看出荧光粉的发光颜色位于典型的蓝光区。

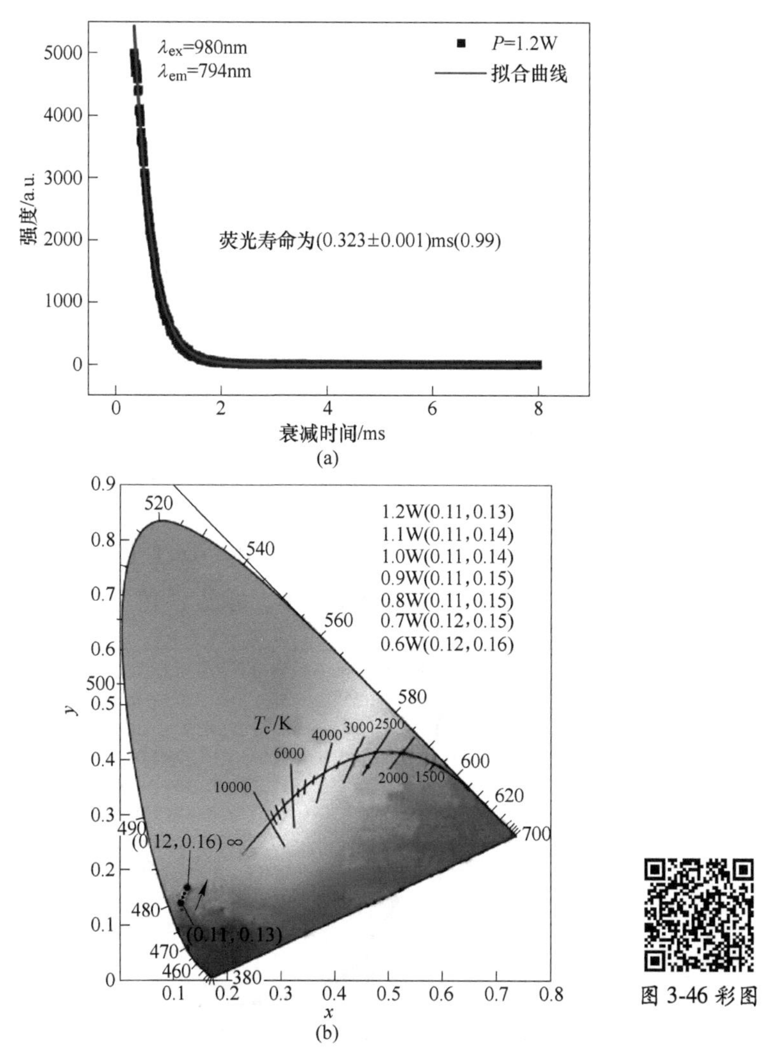

图 3-46 （$La_{0.77}Gd_{0.2}Yb_{0.01}RE_{0.02}$）OF（RE=Tm）在 546nm 处的发射峰在 0.65W 功率下的荧光衰减曲线（a）和（$La_{0.77}Gd_{0.2}Yb_{0.01}RE_{0.02}$）OF（RE=Tm）的色坐标图（b）

图 3-47（a）显示了在不同温度下（$La_{0.77}Gd_{0.2}Yb_{0.01}RE_{0.02}$）OF（RE = Tm）纳米晶体的上转换发射光谱，激发波长为 980nm，其中发现在近红外（794nm）光谱区出现了最强的发射峰，归属于 Tm^{3+} 的 $^3H_4 \to {}^3H_6$ 跃迁，在 475nm 出现了弱的蓝色发射峰，归属于 Tm^{3+} 的 $^3H_4 \to {}^3H_6$ 跃迁；温度范围为室温到 250℃，每 25℃ 采集一次样品的发射光谱数据，如图所示，随着温度的升高，荧光强度逐渐降低。图 3-47（b）是不同温度下的峰的相对强度的变化曲线，以 544nm 处的发射峰为例，当温度上升到 150℃ 时，样品强度约下降到原来的 1/2。

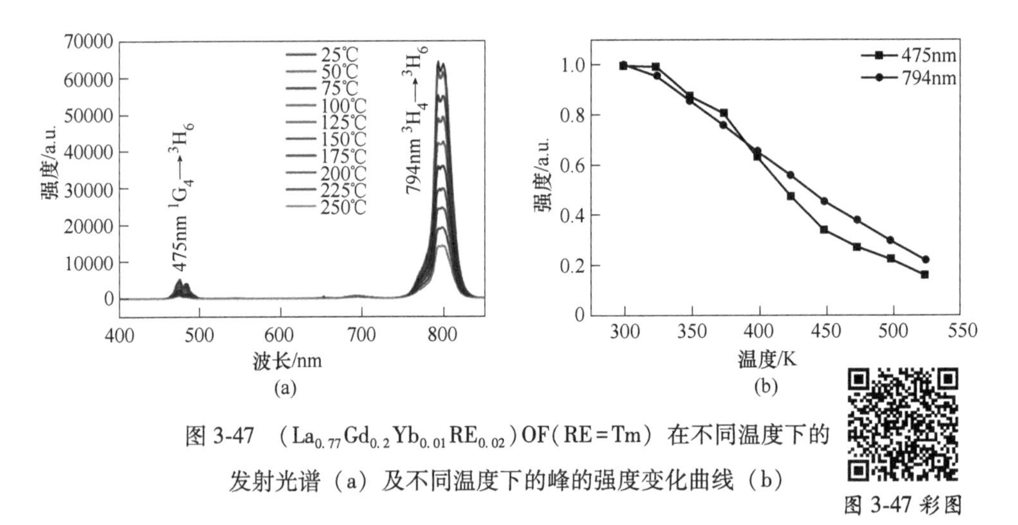

图 3-47　（$La_{0.77}Gd_{0.2}Yb_{0.01}RE_{0.02}$）OF（RE = Tm）在不同温度下的发射光谱（a）及不同温度下的峰的强度变化曲线（b）

图 3-47 彩图

图 3-48 为（$La_{0.77}Gd_{0.2}Yb_{0.01}RE_{0.02}$）OF（RE = Tm）样品主发射峰在不同温度下的荧光衰减曲线，具体拟合数据见表 3-6，可见 χ^2 值均约为 1，表明拟合较好。

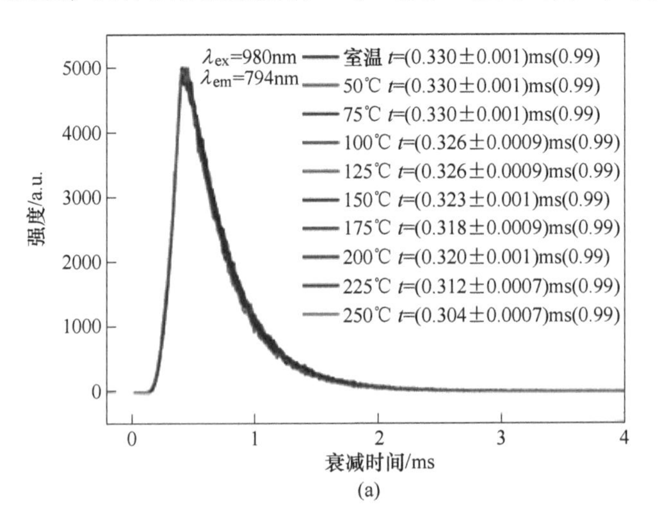

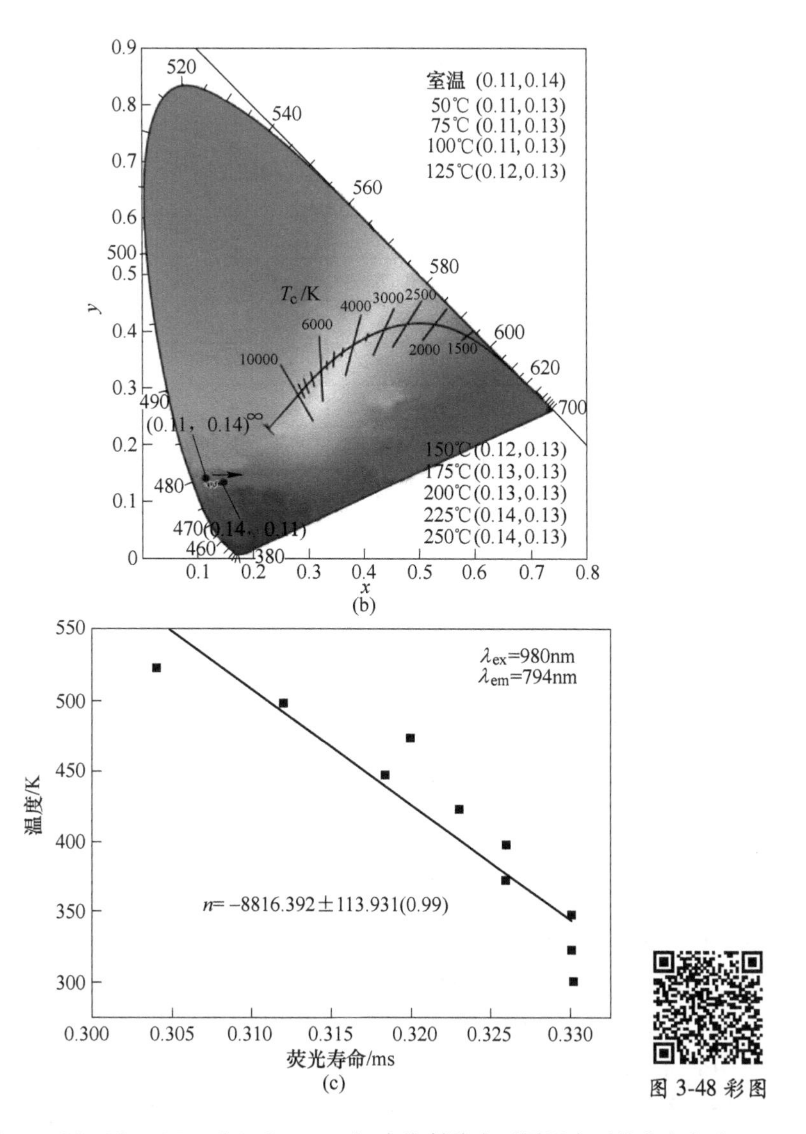

图 3-48 彩图

图 3-48 $(La_{0.77}Gd_{0.2}Yb_{0.01}RE_{0.02})OF$(RE=Tm) 主发射峰在不同温度下的荧光衰减曲线（a）、色坐标图（b）及荧光粉寿命和温度的关系拟合图（c）

从图 3-48（a）中可以看出室温下荧光寿命约为 0.33ms，随着温度的升高，荧光寿命逐渐变短，至 250℃时荧光寿命变为 0.304ms。图 3-48（b）为荧光粉在不同温度下的色坐标，可见色坐标位于蓝光区。样品主发射峰位于 794nm，人眼不可见，因此蓝光主要源自 475nm 跃迁。图 3-48（c）为荧光寿命与测试温度的关系，从图中可以看出二者大致呈直线关系。

表 3-6 $(La_{0.77}Gd_{0.2}Yb_{0.01}RE_{0.02})OF(RE=Tm)$ 荧光粉 794nm 处的发射峰在不同温度下的荧光寿命拟合结果

温度/℃	λ_{em}/nm	A	B	χ^2	寿命 τ/ms
室温	794	5148.4	-3.2	0.99	0.330
50	794	5159.1	-2.8	0.99	0.330
75	794	5135.4	-3.1	0.99	0.330
100	794	5107.8	-2.1	0.99	0.326
125	794	5158.5	-2.1	0.99	0.326
150	794	5116.2	-1.5	0.99	0.323
175	794	5118.7	-0.4	0.99	0.318
200	794	4969.7	-0.8	0.99	0.320
225	794	5064.2	0.08	0.99	0.312
250	794	5217.8	0.8	0.99	0.304

3.4.4 本节小结

本节研究了硫酸盐型稀土层状化合物 $(La_{0.77}Gd_{0.2}Yb_{0.01}RE_{0.02})\cdot nH_2O(RE=$ Er、Ho 和 Tm) 作为自牺牲模板在氟化镧基体上转换荧光粉合成中的应用；详细研究了合成条件，以及所得氟化镧基体上转换荧光粉中几种重要激活剂离子在氟化镧晶格中的光致发光行为，主要结论如下：

(1) Gd、Yb、Er、Ho 和 Tm 稀土离子成功掺杂进 $(La_{0.77}Gd_{0.2}Yb_{0.01}RE_{0.02})\cdot nH_2O(RE=Er$、Ho 和 Tm) 模板中，并且没有改变模板的晶体结构。241-LRH 模板在 100℃ 的条件下反应 24h 可以合成 $(La_{0.77}Gd_{0.2}Yb_{0.01}RE_{0.02})(OH)_2F$ (RE=Er，Ho 和 Tm)。合成温度较低，结晶性能良好。

(2) $(La_{0.77}Gd_{0.2}Yb_{0.01}RE_{0.02})(OH)_2F(RE=Er$，Ho 和 Tm) 在 700℃ 的空气气氛中煅烧 2h 得到了 T-$(La_{0.77}Gd_{0.2}Yb_{0.01}RE_{0.02})F_3$ 晶体。

(3) 结果表明，在 980nm 的激发下，$(La_{0.77}Gd_{0.2}Yb_{0.01}Er_{0.02})OF$ 在 546nm 处出现了最强的绿色发射峰，归属于 Er^{3+} 的 4f—4f($^2H_{11/2}/^4S_{3/2}\rightarrow ^4I_{15/2}$) 跃迁，属于三光子过程，室温下，0.65W 功率激发下的荧光寿命约为 0.36ms，色坐标为 (0.32，0.66)，发射绿光；$(La_{0.77}Gd_{0.2}Yb_{0.01}Ho_{0.02})OF$ 在 544nm 处出现了最强的绿色发射峰，归属于 Ho^{3+} 的$^5S_2\rightarrow ^5I_8$ 跃迁，属于三光子过程，室温下，0.65W 功率激发下的荧光寿命约为 0.25ms，色坐标为 (0.27，0.71)，发射绿光；$(La_{0.77}Gd_{0.2}Yb_{0.01}Tm_{0.02})OF$ 在 794nm 处出现了最强的近红外发射峰，归属于 Tm^{3+} 的$^3H_4\rightarrow ^3H_6$ 跃迁，属于双光子过程，室温下，1.2W 功率激发下的荧光寿命约为 0.32ms，色坐标为 (0.11，0.13)，发射蓝光。

参考文献

[1] QU Y Q, KONG X G, SUN Y J, et al. Effect of excitation power density on the upconversion luminescence of LaF_3:Yb^{3+},Er^{3+} nanocrystals [J]. Journal of Alloys and Compounds, 2009, 485 (1/2): 493-496.

[2] SECU C E, MATEI E , NEGRILA C, et al. The influence of the nanocrystals size and surface on the Yb/Er doped LaF_3 luminescence properties [J]. Journal of Alloys and Compounds, 2019, 791: 1098-1104.

[3] CHENG X R, MA X C, ZHANG H J, et al. Optical temperature sensing properties of Yb^{3+}/Er^{3+} codoped LaF_3 upconversion phosphor [J]. Physica B: Condensed Matter, 2017, 521: 270-274.

[4] KUMAR A, TIWARI S P, SWART H C, et al. Infrared interceded YF_3:Er^{3+}/Yb^{3+} upconversion phosphor for crime scene and anti-counterfeiting applications [J]. Optical Materials, 2019, 92: 347-351.

[5] WANG X J, LI J G, ZHU Q, et al. Synthesis, characterization, and photoluminescent properties of $(La_{0.95}Eu_{0.05})_2O_2SO_4$ red phosphors with layered hydroxyl sulfate as Precursor [J]. Journal of Alloys and Compounds, 2014, 603: 28-34.

[6] WANG X J, ZHU Q, LI J G, et al. La_2O_2S:Tm/Yb as a novel phosphor for highly pure near-infrared upconversion luminescence [J]. Scripta Metallurgica, 2018, 149: 121-124.

[7] ZHANG F, ZHAO D Y. Synthesis of uniform rare earth fluoride ($NaMF_4$) nanotubes by in situ ion exchange from their hydroxide [M(OH)(3)] parents [J]. ACS Nano, 2019, 3 (1): 159-164.

[8] 吴长锋，秦伟平，陈宝玖，等. AlF_3 基氟化物玻璃中 Eu^{3+}的光谱性质与局域结构的关系[J]. 发光学报，2001，22（4）：393-396.

[9] 蒋晨飞，黄文娟，丁明烨，等. 双掺 Eu^{3+} 和 Tb^{3+} 的下转换 β-$NaYF_4$ 的合成与发光性能[J]. 发光学报，2012，33（7）：683-687.

[10] 张晓蓉，任建学，欧阳艳，等. 配位体修饰下 Eu^{3+}掺杂 CaF_2 和 LaF_3 荧光粉发光性能的研究 [J]. 稀土，2017，38（1）：95-100.

[11] WANG X J, LI J G, MOLOKEEV M S, et al. Layered hydroxyl sulfate: controlled crystallization, structure analysis, and green derivation of multi-color luminescent $(La, RE)_2O_2SO_4$ and $(La,RE)_2O_2S$ phosphors (RE = Pr, Sm, Eu, Tb, and Dy) [J]. Chemical Engineering Journa, 2016, 302: 577-586.

[12] SHANNON R D. Revised effective ionic radii and systematic studies of interatomie distances in halides and chaleogenides [J]. Acta Crystallographica A, 1976, 32: 751-767.

[13] XU Z H, LI C X, YANG P P, et al. Rare earth fluorides nanowires/nanorods derived from hydroxides: hydrothermal synthesis and luminescence properties [J]. Crystal Growth and Design, 2009, 9 (11): 4752-4758.

[14] JIA G, YOU H P, SONG Y H, et al. Facile chemical conversion synthesis and luminescence properties of uniform Ln^{3+} (Ln = Eu, Tb)-doped $NaLuF_4$ nanowires and $LuBO_3$ microdisks

[J]. Inorganic Chemistry, 2009, 48 (21): 10193-10201.

[15] GENG F X, MA R Z, MATSUSHITA Y, et al. Structural study of a series of layered rare-earth hydroxide sulfates [J]. Inorganic Chemistry, 2011, 50 (14): 6667-6672.

[16] YI G S, CHOW G M. Colloidal LaF_3: Yb,Er, LaF_3:Yb,Ho and LaF_3:Yb,Tm nanocrystals with multicolor upconversion fluorescence [J]. Journal of Materials Chemistry, 2005, 15 (41): 4460-4464.

[17] ZHU Q, SONG C Y, LI X D, et al. Up-conversion monodispersed spheres of $NaYF_4$:Yb^{3+}/Er^{3+}: green and red emission tailoring mediated by heating temperature, and greatly enhanced luminescence by Mn^{2+} doping [J]. Dalton Transactions, 2018, 47 (26): 8646-8655.

[18] SHI X F, MOLOKEEV M S, WANG X J, et al. Crystal structure of $NaLuW_2O_8 \cdot 2H_2O$ and down/upconversion luminescence of the derived $NaLu(WO_4)_2$:Yb/Ln phosphors(Ln=Ho, Er, Tm) [J]. Inorganic Chemistry, 2018, 57 (17): 10791-10801.

[19] WANG S Y, ZHU K S, WANG T, et al. Sensitive Ho^{3+}, Yb^{3+} co-doped mixed sesquioxide single crystal fibers thermometry based on upconversion luminescence [J]. Journal of Alloys and Compounds, 2022, 891: 162062.

[20] PICHAANDI J, VAN VEGGEL F C J M. Effective control of the ratio of red to green emission in upconverting LaF_3 nanoparticles codoped with Yb^{3+} and Ho^{3+} ions embedded in a silica matrix [J]. ACS Applied Materials and Interfaces, 2010, 2 (1): 157-164.

[21] DE G H, QIN W P, WANG W H, et al. Infrared-to-Ultraviolet upconversion luminescence of $La_{0.95}Yb_{0.49}Tm_{0.01}F_3$ nanostructures [J]. Optics Communications, 2009, 282 (14): 2950-2953.

[22] 张艺，李紫薇，何晓燕. LaF_3:Yb^{3+}/Tm^{3+}纳米棒的制备与上转换发光 [J]. 光谱实验室, 2012, 29 (2): 908-911.

[23] LUO Y, XIAN Z G, LIAO L B. Phase formation evolution and upconversion luminescence properties of LaOF:Yb^{3+}/Er^{3+} prepared via a two-step reaction [J]. Ceramics International, 2012, 38 (8): 6907-6910.

4 稀土钒酸盐的制备及光致发光

4.1 稀土钒酸盐简介

稀土正钒酸盐（$LnVO_4$，Ln＝镧系元素和 Y）为一类重要的无机化合物，在催化[1]、固体激光[2-3]、偏振器[4]、照明/显示[5-6]、光学测温[7-8]等多领域展现出良好的潜在应用价值。作为发光材料，钒酸盐 $LnVO_4$ 发光的一个明显优点是钒酸根 VO_4^{3-} 可以将其有效吸收的近紫外（NUV）激发能量转移到掺杂的 RE^{3+} 活化剂中，以实现高效发射。$LnVO_4$ 的晶体结构取决于 Ln^{3+} 的离子半径，除 $LaVO_4$ 外，该系列化合物为锆石型四方相（t-$LnVO_4$，空间群 $I4_1/amd$）结晶，其中 Ln^{3+} 与 VO_4^{3-} 配体的 8 个氧原子配位，形成 LnO_8 十二面体[9]。$LaVO_4$ 则更倾向于单斜晶型的晶体结构（m-$LaVO_4$，空间群 $P2_1/n$），因为 La^{3+} 是整个 Ln^{3+} 系列中最大的，并且更倾向于九配位多面体 LaO_9 的形成[10]，而四方相 t-$LaVO_4$ 只有在特殊条件下才能稳定下来。这两种多晶体之间的主要结构差异在于 t-$LaVO_4$ 是由 *ab* 平面上的边缘共享 LaO_8 和沿 *c* 轴交替的 LaO_8 和 VO_4 四面体堆积而成，而在 m-$LaVO_4$ 中，LaO_9 与 VO_4 沿 *c* 轴边缘共享[11]。热力学上稳定的 m-$LaVO_4$ 作为发光的基质晶格不如 t-$LaVO_4$，因为它只有一个 RE—O—V 键桥，其角度适合 V^{5+} 和每个掺杂的 RE^{3+} 激活剂的波函数重叠，而后者有 4 个这样的键桥用于 $VO_4^{3-}\rightarrow RE^{3+}$ 能量转移[12]。t-$LaVO_4$ 与研究最广泛的 t-YVO_4 和 t-$GdVO_4$ 同样优异，但合成起来较为困难。根据文献调查显示，t-$LaVO_4$ 大多是通过水热或溶剂热反应在有机分子/离子的存在下结晶的，有机分子/离子通过螯合 La^{3+} 和/或选择性吸附控制成核/生长的动力学和特性。例如，张等通过水热反应在 180℃ 下 48h 实现了形态可控的 t-$LaVO_4$:Eu 纳米结构的合成，并表明在没有螯合/覆盖 EDTA 剂的情况下，产物将是单斜相[13]。Ding 等通过乙二醇（EG）辅助的水热方法合成了 t-$LaVO_4$:Eu 微晶体的三维结构，并针对 m-$LaVO_4$:Eu 研究了其光谱特征[14]。Chen 等通过微波辅助水热反应，在聚丙烯酸（PAA）的存在下获得了高水溶性的 t-$LaVO_4$:RE 纳米颗粒（RE＝Eu，Dy），并证明了它们在防伪油墨和潜伏指印检测中的应用前景[15]。另外，Shao 等通过将（La,Eu）(1,3,5-BTC)$(H_2O)_6$ 配位聚合物与 NH_4VO_3 在 NaAc-HAc 缓冲环境中进行水热反应，结晶出相位纯正的 t-$LaVO_4$:Eu 微晶体，并利用 1,3,5-BTC 阴离子的螯合和封盖作用有效定制晶体形态[11]。

自牺牲模板法即将前驱体化合物部分或完全转化为目标产品，已被证明是控制晶体结构和晶体形态的有效方法[16-21]。到目前为止，多种化合物已被用作自牺牲模板，包括 $Ln(OH)_3$[19,26]、$Ln(OH)CO_3$[20-22]、$Ln(OH)_{2.94}(NO_3)_{0.06}\cdot nH_2O$[16]、$Ln_4O(OH)_9NO_3$[17,24]和 $Ln_2(OH)_5NO_3\cdot nH_2O$[18,23,25]，并成功合成了多种稀土化合物如钒酸盐[16,21-22]、氟化物（$Ln(OH)_xF_{3-x}$，LnF_3，$NaLnF_4$）[21,23]、正磷酸盐[21,24-25]和硼酸盐[26]。自牺牲模板反应的转换的动力学和完整性是由前驱体和目标化合物之间的平衡决定的，而这不仅受水热参数的影响，还受前驱体本身的化学成分的影响。例如随着反应的进行，羟基型前驱体释放的羟基逐渐增多，反应动力学将逐渐减慢。因此 $Ln_2(OH)_4SO_4\cdot 2H_2O$ 层状氢氧化物（Ln = La-Dy，241-LnH）可以作为模板合成的更好选择，因为其 OH^- 与 Ln^{3+} 摩尔比（2.0）是上述氢氧化物型前驱体中最低的。有鉴于此，本章采用 241-LLnH 作为自牺牲模板，通过自牺牲模板法合成 $LnVO_4$，并在不使用任何有机添加剂的情况下，通过水热反应在 200℃下 24h 成功地生产了分散性和尺寸均匀性良好的 t-$(La_{0.95}Eu_{0.05})VO_4$ 纳米晶体。发光分析表明，在室温 304nm 紫外光激发下，制成的纳米晶体的绝对量子产率约为 38.2%，620nm 的红色发射在 150℃下可以保持约 66%的室温强度。在 LED 照明中的应用发现，随着驱动电流的增加（30~100mA），亮度不断增加，有相对稳定的颜色相关温度（3270~3400K）和电场增强 $^5D_0\rightarrow{}^7F_4$ 发射（约 697nm）的 Eu^{3+}。研究还表明，随着（$^5D_1\rightarrow{}^7F_1$）/（$^5D_0\rightarrow{}^7F_1$）荧光强度比的提高，该纳米晶体在 25~250℃的温度范围内显示了有利的光学测温能力。本书在下面的部分，报告了 t-$(La_{0.95}Eu_{0.05})VO_4$ 纳米晶体的相位转换合成、表征和发光性能以及应用。

4.2 所用试剂及钒酸盐的合成

原料均购于国药试剂，整个实验中均使用 Milli-Q 过滤水（电阻率大于 18MΩ · cm）、参考此前研究人员报道的工作合成 $(La_{0.95}Eu_{0.05})_2(OH)_4SO_4\cdot 2H_2O$（241-L(La,Eu)H），具体包括稀土硝酸盐、$(NH_4)_2SO_4$ 和 NH_4OH 的混合物在 100℃下 24h 的水热反应[27]。水洗去除副产物后，通过 30min 的磁力搅拌，将 241-L(La,Eu)H 模板分散在 60mL 的 NH_4VO_3 溶液中（VO_3^- 与 $(La_{0.95}Eu_{0.05})^{3+}$ 的摩尔比为 5），然后在特氟龙内衬不锈钢水热釜中在预定的温度（至 200℃）下进行水热反应一段时间（至 24h），水热反应后，VO_3^- 偏钒酸阴离子将通过 $VO_3^- + 2OH^- \rightarrow VO_4^{3-} + H_2O$ 的反应转化为 VO_4^{3-} 形式，形成正钒酸。自然冷却后，通过离心法收集水热产物，水洗 3 次以去除副产物，用无水乙醇冲洗，然后在 70℃的空气中干燥 24h。

4.3 样品表征

通过 X 射线衍射仪（XRD，RINT2200 型，Rigaku，东京，日本），使用镍过滤的 Cu-Kα 辐射（$\lambda = 0.15406$nm）和 1°/min 的扫描速度进行相鉴定（40kV/40mA）。使用 TOPAS 软件[28]对 XRD 图谱进行 Rietveld 精修。纳米晶体的微观形貌、结构和元素分布通过场发射扫描电子显微镜（FE-SEM，S-5000 型，日立，东京）在 10kV 的加速电压下和透射电子显微镜（TEM，JEM-2100F 型，JOEL，东京）在 200kV 下进行分析。傅里叶变换红外光谱（FTIR，型号 FT/IR-4200，JASCO，东京）通过标准的 KBr 压片法进行测定。使用 FP-8600 荧光分光光度计（JASCO）在 25～250℃ 的范围内分析随温度变化的光致发光，激发光源为 150W 氙灯，该光度计配备积分球（直径为 60mm；型号 ISF-513，JASCO）和加热控制器（型号 HPC-836，JASCO），测试时设置狭缝宽度为 5nm，扫描速度为 100nm/min。用 HS-1000 型光谱检测器（Otsuka Electronics Co.，Ltd.，Osaka，Japan）获取由纳米晶体与 LED 芯片（$\lambda_{em} = 280$nm）组合而成的 LED 灯的发光信号。

4.4 结果和讨论

4.4.1 稀土钒酸盐的合成

图 4-1 为 241-L(La,Eu)H 模板（见图 4-1（a））和在 200℃ 下经过 24h 的水热反应得到的产物（见图 4-1（b））的 XRD 图谱的 Rietveld 精修结果。分别使用 241-LaH[27]和 t-$LaVO_4$(ICSD No. 411-083）的晶体学数据作为初始结构模型进行精修，表明这两种材料都是纯相，说明可成功获得 t-$(La_{0.95}Eu_{0.05})VO_4$(t-$LaVO_4$:Eu)。XRD 峰的米勒指数标于图 4-2 中。从表 4-1 中总结的数据可以看出，241-L(La,Eu)H 和 t-$LaVO_4$:Eu 的晶胞尺寸分别小于未掺杂的 241-LaH 和 t-$LaVO_4$，

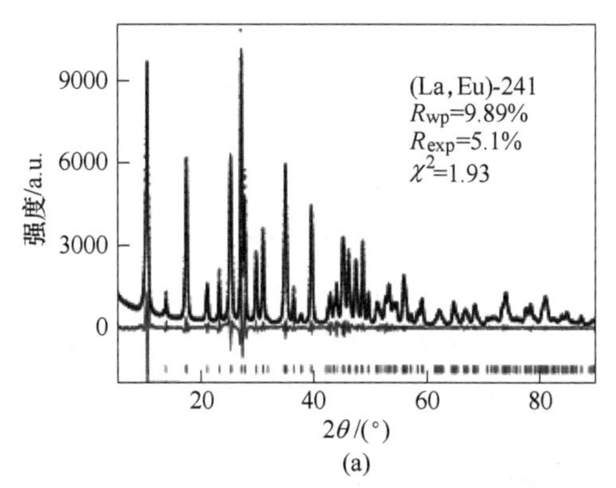

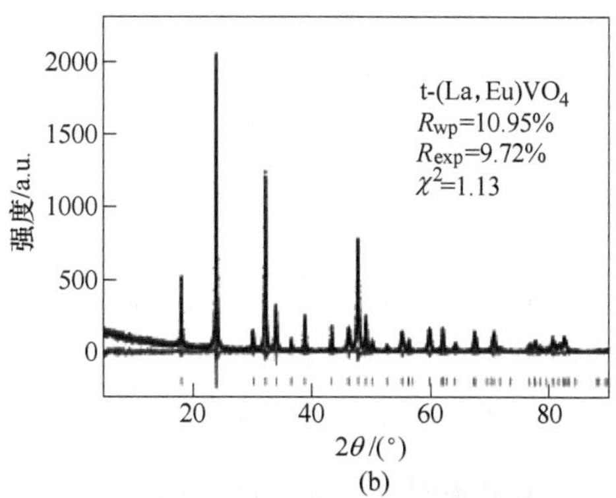

图 4-1 241-L(La,Eu)H 模板（a）及所得 t-$(La_{0.95}Eu_{0.05})VO_4$ 产物（b）的 XRD 图谱的 Rietveld 精修结果

图 4-1 彩图

这是由于较大的 La^{3+} 被较小的 Eu^{3+} 所取代[29]，表明形成了固体溶液。反应后生成 t-$LaVO_4$:Eu 而不是稳定的 m-$LaVO_4$:Eu 的可能原因为 L(La,Eu)H 模板和 t 相之间结构的相似性。241-LnH 的氢氧化物主层在 *ab* 平面内结晶（表 4-1 中的单斜角约为 90.475°），并沿 *c* 轴与 SO_4^{2-} 四面体交替出现，这与上述 t-$LaVO_4$ 的结构特征相似。

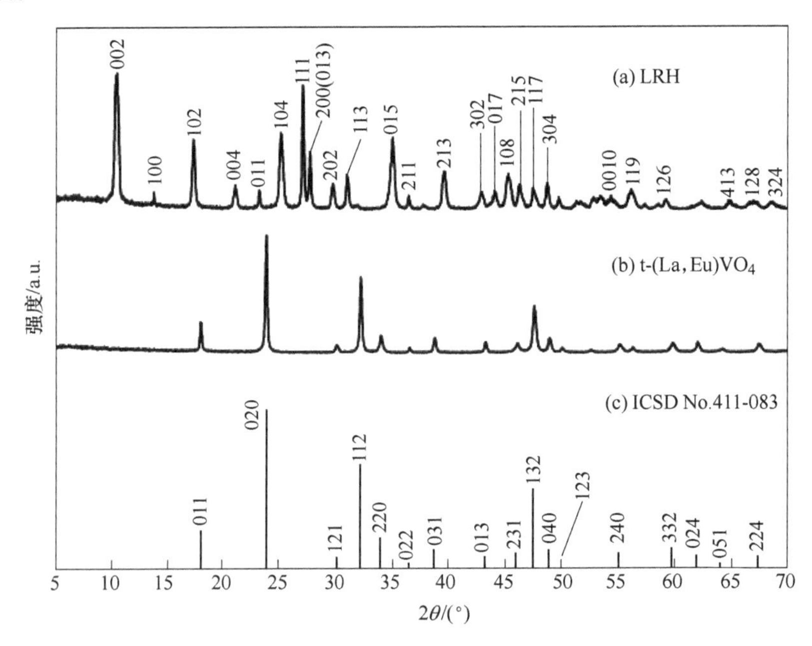

图 4-2　241-L(La,Eu)H 模板（a）和在 200℃ 下反应 24h 所得 t-$LaVO_4$:Eu 产物的 XRD 图谱（b）及 t-$LaVO_4$(ICSD No. 411-083）的标准衍射（c）

表 4-1　241-L(La,Eu)H 模板和在 200℃下反应 24h 所得 t-$LaVO_4$:Eu 产物晶胞参数

样品	空间群	*a*/nm	*b*/nm	*c*/nm	*β*/(°)	*V*/nm^3
(La,Eu)-241	*C2/m*	1.68539(1)	0.39306(8)	0.64269(2)	90.475(1)	0.42575(1)
La-241	*C2/m*	1.68847(6)	0.39420(1)	0.64359(2)	90.454(2)	0.42836(3)
t-(La,Eu)VO_4	$I4_1/amd$	0.74463(7)	0.74463(7)	0.65359(5)	90	0.36240(1)
t-$LaVO_4$	$I4_1/amd$	0.74578	0.74578	0.65417	90	0.36384

注：包含 241-LLaH[1] 和 t-$LaVO_4$(ICSD No. 411-083）的数据用于比较。

为了阐明物相演化的途径和机制，在固定的反应温度 200℃ 和反应时间 24h 下，研究了时间和温度过程的相演化，结果分别示于图 4-3 和图 4-4。从图 4-3 中可以看出，0h 产物主要是 241-L(La,Eu)H 模板（用黑点表示）、未知相（用红点表示）和微量的目标 t-$LaVO_4$:Eu 化合物（用蓝点表示）的混合物。考虑到 0h

反应物仅是在室温下通过30min的磁力搅拌来制备，在此期间，$VO_3^- \rightarrow VO_4^{3-}$ 的转化很难进行充分，因此未知相被认为是241-L(La,Eu)H模板的衍生物，它可以认为 VO_3^- 而不是 VO_4^{3-} 部分取代模板中的阴离子特别是层间 SO_4^{2-}[16,30]而形成的产物。在200℃下反应2h的产物有t-$LaVO_4$:Eu作为主相，还有少量的物质为 VO_4^{3-} 取代241-L(La,Eu)H(VO_4^{3-}-LLnH)后的产物[8,30]。与LLnH模板的（200）衍射（$2\theta=10.4°$）相比，这种物质的衍射峰（$2\theta=11.4°$）向大角度一侧移动，这可能是由于LLnH带正电的氢氧化物主层与带负电的 VO^{3-} 有更强的相互作用。6h的产物是纯相的t-$LaVO_4$:Eu，由于晶格完善和晶体生长，其衍射峰随着反应时间的增加而逐渐变尖变强，直至24h。对（020）主衍射分析发现，通过2h、6h、12h、18h和24h的反应形成的t-$LaVO_4$:Eu纳米晶体的平均尺寸分别增加到约29nm、31nm、32nm、33nm和35nm。

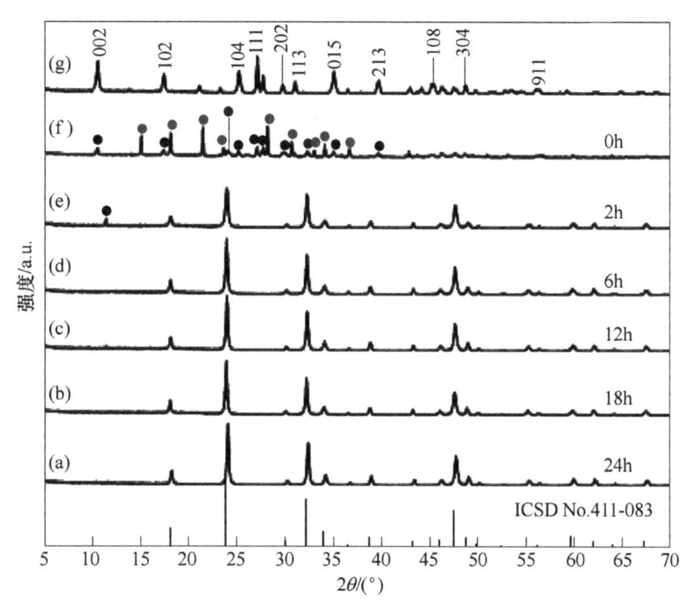

图4-3 200℃ 下的时程相演化

（黑色、红色和蓝色点分别表示来自241-L(La,Eu)H模板/VO_4^{3-} 取代的241-L(La,Eu)H模板、未知相和t-$LaVO_4$:Eu的衍射）

图4-3 彩图

从图4-4温度过程的相演变可以看出，100~180℃所得的产物都是t-$LaVO_4$：Eu和上述 VO_4^{3-}-LLnH衍生物的混合物，后者的含量随着反应温度的升高而稳步下降，在200℃时得到纯t-$LaVO_4$:Eu。通过Scherrer公式分析在100℃、120℃、150℃和180℃下形成的t-$LaVO_4$:Eu晶体，计算出其平均晶粒尺寸分别约为28nm、29nm、31nm和32nm。值得注意的是，在上述物相转变研究中完全不存在m-$LaVO_4$:Eu相，进一步证明模板与四方相钒酸盐t-$LaVO_4$:Eu结构的相似性利于t-$LaVO_4$:Eu的结晶。

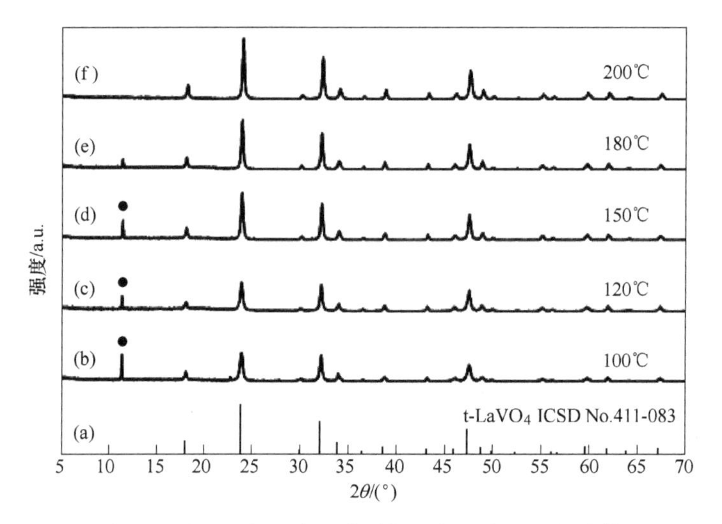

图 4-4　在 24h 的固定反应时间下的温度过程相演化

（黑点表示 VO_4^{3-} 取代的 241-L(La,Eu)H 模板）

为了进一步证明所得物相的纯度，图 4-5 对比了 241-L(La,Eu)H 模板和在 200℃下反应 24h 后形成的 t-$LaVO_4$:Eu 纳米晶体的 FTIR 光谱。图 4-5（a）清楚地显示了硫酸根 SO_4^{2-}（ν_3，ν_1，ν_4 和 ν_2）、结晶水（约 3241cm^{-1}和 1629cm^{-1}）和

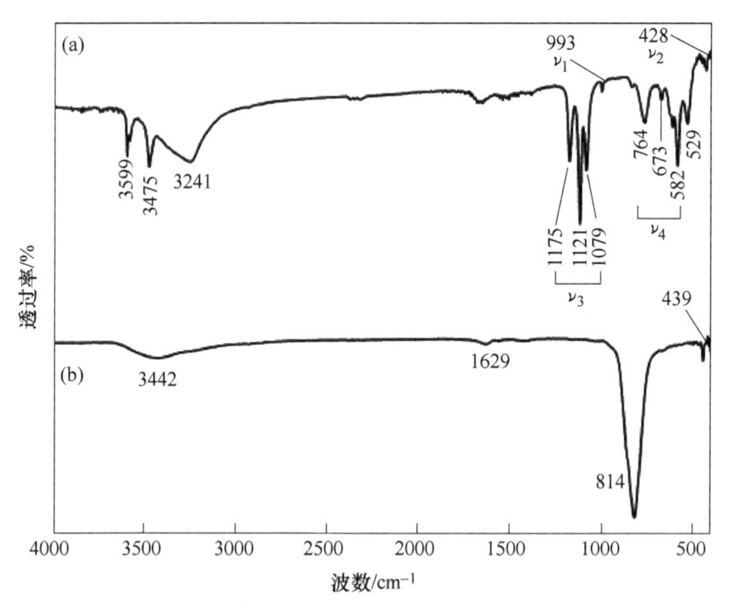

图 4-5　241-L(La,Eu)H 模板（a）和通过在 200℃下反应 24h 合成的 t-$LaVO_4$:Eu 纳米晶体（b）的 FTIR 光谱

羟基（约 3599cm^{-1} 和 3475cm^{-1}）的振动，这与 241-L(La,Eu)H 的化学式一致[27,31]。转化产物（见图 4-5（b））表现出 VO_4^{3-} 四面体中 V-O 拉伸振动约在 814cm^{-1}的强带[8,23]和表面吸附的水分子约在 3442cm^{-1}和 1629cm^{-1}的弱带，但几乎没有显示 SO_4^{2-} 和羟基振动。此外，LRH 模板约在 428cm^{-1}及转换产物约在 439cm^{-1}，这些吸收可以归因于 Ln-O 振动。因此，上述结果表明，所得的 t-$LaVO_4$:Eu 晶体具有较高的相和化学纯度。

图 4-6（a）和图 4-6（b）为 241-L(La,Eu)H 模板的微观形貌，从中可以看出模板是横向尺寸为 400~900nm 的薄板块。选区电子衍射（SAED）产生了排列整齐的衍射点，如图 4-6（c）所示，表明产品的结晶度很高。确定的（002）、(401）和（403）衍射的 d 间距分别约为 0.324nm、0.345nm 和 0.189nm，与通过 Rietveld 精修 XRD 图案得出的 $d_{(002)}$ = 0.32178nm、$d_{(401)}$ = 0.35168nm 和 $d_{(403)}$ = 0.19063nm 相近。从 SAED 图案测得的（401)/(002）和（401)/(403）二面角分别约为 56.57° 和 30.14°，这也接近于 56.423°和 29.576°的理论值。如图 4-6（d）所示，HR-TEM 分析发现了间隔约 0.288nm 和 0.350nm 的晶格条纹，二面角约为 47.02°，这些条纹可以很好地归属于 241-LnH 模板的（$\bar{3}\bar{1}1$）和($\bar{4}01$)平面（$d_{(\bar{3}\bar{1}1)}$ = 0.28912nm 和 $d_{(\bar{4}01)}$ = 0.35425nm；计算二面角约为 47.6°）。STEM 的元素图谱（见图 4-6（e））进一步显示，薄板含有均匀分布的 La、Eu、S 和 O 元素。薄板状的微观形态将为反应提供一个大的表面积，因此有利于反应的进行。

图 4-6 241-L(La,Eu)H 模板的 FE-SEM(a) 和 TEM(b) 图谱、SAED 图案（c）、HR-TEM 晶格条纹（d）和元素映射的结果（e）

图 4-7（a）和图 4-7（b）为 200℃下通过 24h 的反应所得 t-$LaVO_4$:Eu 的微观形态，可以观察到产品只包含 40～80nm 的纳米方块。值得注意的是，由 $Ln(OH)_{2.94}(NO_3)_{0.06}\cdot nH_2O$ 羟基硝酸盐模板自牺牲性转化的 t-YVO_4:RE（RE＝Eu、Sm 和 Dy）颗粒是含有板状和纤维状结晶的微尺寸轴的形式[16]，而本书相关工作的产品明显具有更好的分散性和尺寸均匀性。因此，该结果进一步标志着自牺牲性模板在产品微观形貌中起到至关重要的作用。所得的 SAED 图案为一组排列良好的斑点，如图 4-7（c）所示，其中测量的 d 间距约为 0.367nm、0.278nm 和 0.191nm 分别与 t-$LaVO_4$:Eu 的（020）、（112）和（132）晶面对应良好，（$d_{(020)}$＝0.37289nm，$d_{(112)}$＝0.27796nm 和 $d_{(132)}$＝0.19130nm，ICSD No. 411-083）。HR-TEM 的条纹间距约为 0.278nm 和 0.373nm，如图 4-7（d）所示，它们分别属于 t-$LaVO_4$:Eu 的（112）和（020）晶面。此外，从 SAED 结果（见图 4-7（c））及 HR-TEM（见图 4-7（d））结果中测得的（020）/（112）晶面夹角值（约为 68.5°及 68.3°）与通过 XRD 图谱的 Rietveld 精修得到的值 68.12°一致，进一步证明结果分析的正确性。元素映射结果表明 t-(La,Eu)VO_4 纳米晶体同时含有均匀分布的 Eu、La、O、V 元素，如图 4-7（e）所示。

图 4-7　t-$LaVO_4$:Eu 的 FE-SEM(a) 和 TEM(b) 图谱、SAED 图案（c）、HR-TEM 晶格条纹（d）和元素映射结果（e）

4.4.2 t-$LaVO_4$:Eu 纳米晶体的光致发光性能

图 4-8 为在 200℃下反应 24h 制备的 t-$LaVO_4$:Eu 纳米晶体的激发（PLE，见图 4-8（a）；$\lambda_{em}=620nm$）和发射（PL，见图 4-8（b）；$\lambda_{ex}=304nm$）光谱。在 PLE 光谱中，200~350nm 强而宽的激发带为电子从$^1A_1$ 基态到 VO_4^{3-} 的$^1E(^1T_1)$和$^1B(^1T_2)$的激发态发生的[32-33]，而 350~500nm 光谱区的两个可以忽略的弱峰来自 Eu^{3+}的 $4f^6$跃迁。在 304nm 的紫外线激发下，纳米晶体显示出与 Eu^{3+}的$^5D_{0,1}\rightarrow{}^7F_j$（$j=1\sim4$）转换相关的发射峰，其中 620nm 的红色发射（$^5D_0\rightarrow{}^7F_2$ 转换）最强。进一步的分析表明，发光的绝对量子产率约为 38.2%，国际照明委员会（CIE）色度坐标约为（0.33，0.65）。此外，620nm 的荧光发射的衰减可按单指数函数进行拟合，衰减寿命约为 1.52ms（见图 4-9），基本上与（$Y_{0.95}Eu_{0.05}$）VO_4 的报告值（1.39~1.52ms）一致[16]。

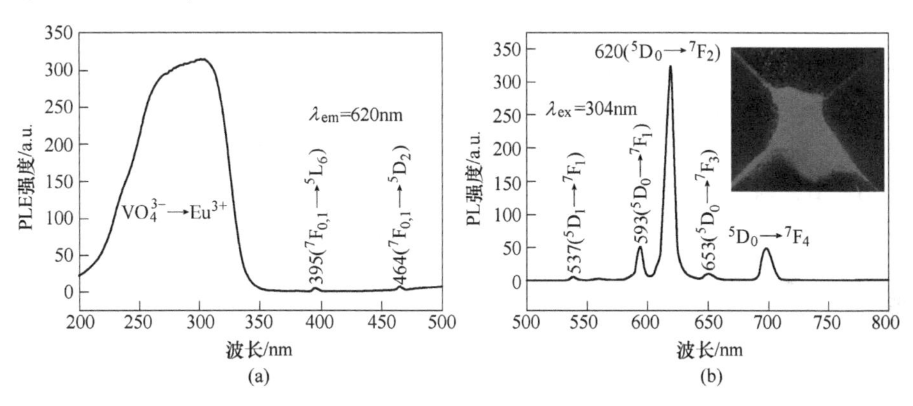

图 4-8 200℃下反应 24h 所得 t-$LaVO_4$:Eu 纳米晶体的 PLE（a）和 PL（b）光谱

（图（b）中内嵌图是在手持式紫外灯的 254nm 照射下的发光现象）

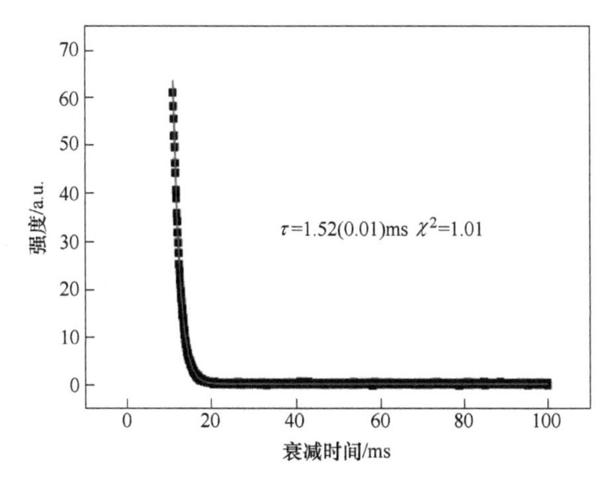

图 4-9 Eu^{3+}的$^5D_0\rightarrow{}^7F_2$ 发射的衰变动力学（$\lambda_{ex}=304nm$）

图 4-10（a）为在 200℃下反应 24h 合成的 t-$LaVO_4$:Eu 纳米晶体随温度变化的 PL 光谱，可以看出没有新的发射峰出现，发光的颜色坐标只随着温度的升高而发生微弱的移动（见图 4-10（a）和图 4-11）。图 4-10（b）绘制了 537nm（$^5D_1 \rightarrow {}^7F_1$ 跃迁）、593nm（$^5D_0 \rightarrow {}^7F_1$ 跃迁）和 620nm（$^5D_0 \rightarrow {}^7F_2$ 跃迁）典型发射的归一化强度，从中可以看出，随着测量温度的升高，来自 $^5D_0$ 能级的两个发射以几乎相同的速度衰减，比来自 $^5D_1$ 的发射快得多。即使如此，620nm 的主发射在 150℃时仍保持约 66% 的室温强度，这表明荧光粉有良好的热稳定性。在 537nm 的发射中观察到的强度损失非常缓慢，这可能是通过热激发一部分 $^5D_0$ 的电子到 $^5D_1$ 能级从而抑制了 $^5D_1 \rightarrow {}^5D_0$ 的热衰减。热淬灭的活化能（ΔE）可以从阿伦尼乌斯方程中得出[34]：

$$I = \frac{I_0}{1 + c\exp\left(\frac{-\Delta E}{kT}\right)} \tag{4-1}$$

式中，I_0 和 I 分别为室温和测试温度下的发光强度；c 为指前因子；k 为玻耳兹曼常数（8.617×10^{-5}eV）；T 为绝对温度；ΔE 为热淬灭的活化能。图 4-10（c）为由图 4-10（b）中给出的实验数据的 $\ln[(I_0/I)-1]$ 与 $1/(kT)$ 的转换。线性拟合所得的 ΔE 值，对于 620nm 和 593nm 的发射，分别约为 0.291eV 和 0.287eV；对于 537nm 的发射，有一个更高的值，约为 0.321eV。图 4-11 为所得荧光粉在不同温度下的色坐标，可见随着温度的升高，色坐标略有偏移。

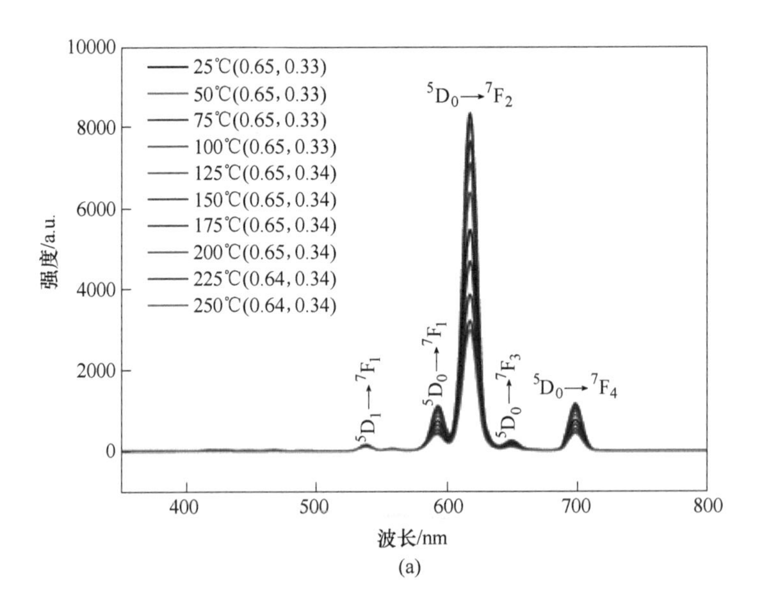

(a)

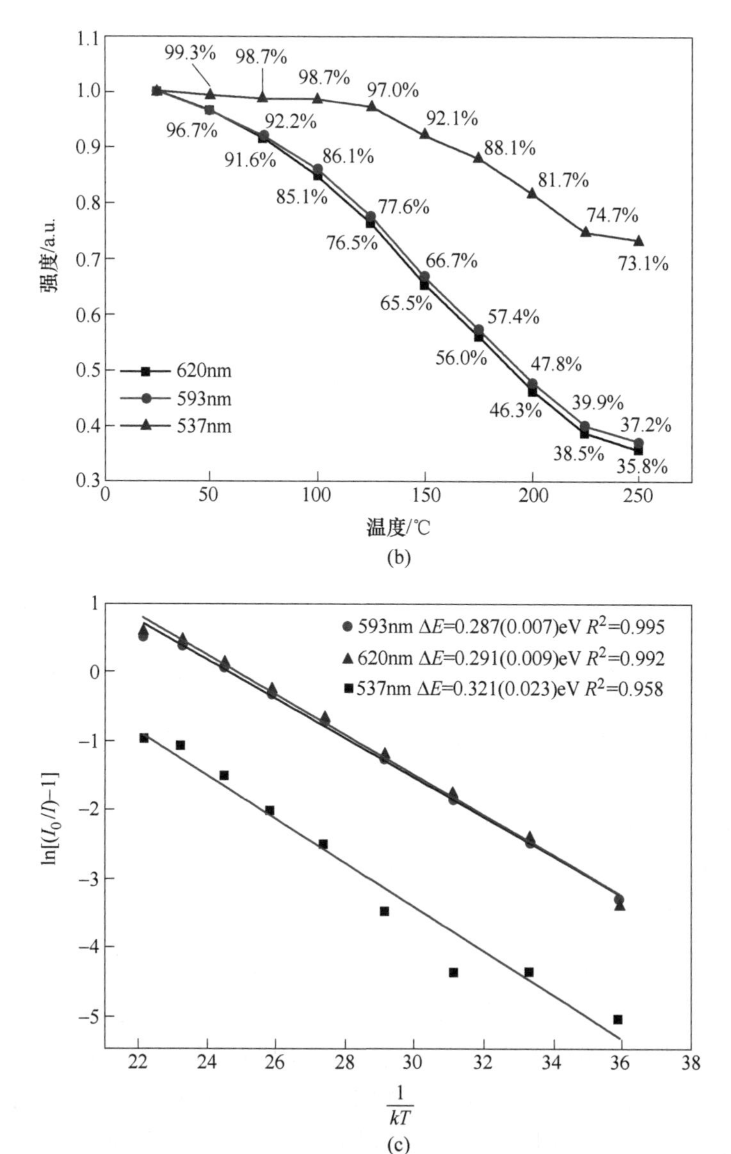

图 4-10 彩图

图 4-10 t-$LaVO_4$:Eu 纳米晶体随温度变化的发射光谱（a）和 537nm、593nm、620nm 发射的相对强度作为测量温度的函数（b）以及（b）部分所示实验数据的 $\ln[(I_0/I)-1]$ 与 $1/(kT)$ 图（c）

（在图（a）部分，温度点后面括号里的数字是发光的 CIE 色度坐标）

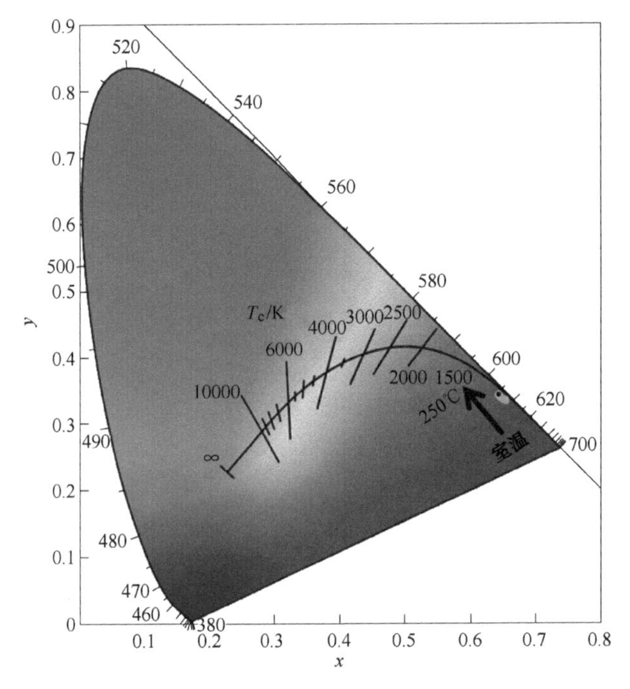

图 4-11 彩图

图 4-11 不同温度下 t-$LaVO_4$:Eu 纳米晶发光颜色的 CIE 色度图

4.4.3 t-(La,Eu)VO_4纳米晶体在 LED 照明和光学温度感应中的应用

采用 280nm 紫外光发射的 LED 芯片与所得 t-$LaVO_4$:Eu 纳米晶体封装 pc-LED，如图 4-12（a）插图所示。这里选择 280nm 的 LED 芯片是因为其发射波长与 VO_4^{3-}→Eu^{3+} 能量转移带（200～330nm，见图 4-8（a））对应良好。从图 4-12（a）可以看出该灯在 550～800nm 的光谱区表现出尖锐的$^5D_{0,1}$→^7F_j（j=1～4）的 Eu^{3+}的发射，并在 100mA 的驱动电流下显示出明亮的红色发光（见插图）。与光致发光的发射光谱相比，图 4-12（a）的一个明显不同的光谱特征是$^5D_0$→$^7F_4$ 在 697nm 的 Eu^{3+}的发射急剧增强，甚至强于 619nm 的$^5D_0$→$^7F_2$ 的红色发射。在使用相同的分光光度计的条件下，对于用微米级的 $Li_6CaLa_2Nb_2O_{12}$:Eu^{3+}红色荧光粉颗粒封装的 pc-LED，没有观察到这种现象[35]。考虑到 VO_4^{3-} 的 V^{5+}因其高正电荷而对电子有强烈的极化作用，而且纳米晶体有更多的不饱和键和表面状态，因此假定驱动电流提供的电场可能极大扩大了与配体场/极化性有关的参数 Ω_4，该参数支配着$^5D_0$→$^7F_4$ 的跃迁强度。虽然发光强度和照明亮度随着驱动电流从 30mA 到 100mA 的增加而不断增加（见图 4-12（b）），但灯的 CIE 色度坐标（见图 4-12（a））几乎稳定在（0.66，0.34）左右，表明 t-$LaVO_4$:Eu 纳米晶体在 LED 应用中具有较高的颜色稳定性。相应地，灯的颜色相关温度（CCT）也相对

稳定，随着驱动电流从 30mA 增加到 100mA，CCT 仅从 3394K 轻微下降到 3266K（见图 4-12（b））。

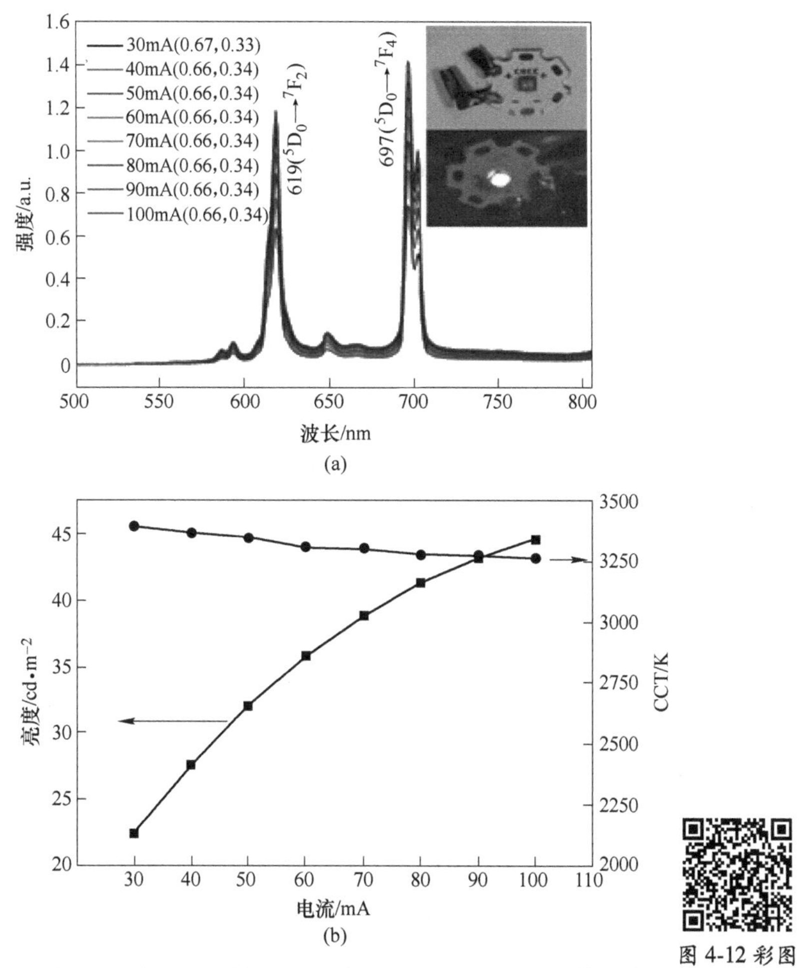

图 4-12 由 280nm 的 LED 芯片和 t-$LaVO_4$:Eu 纳米晶体组合而成的 LED 灯的发射光谱（a）、色温（CCT）和亮度（b）

（图(a) 部分的插图是显示 LED 灯和在 100mA 的驱动电流下红色照明的图像，图（a）中括号内的数字是发光的 CIE 色度坐标）

利用荧光粉两种不同发射的强度比的光学测温法近年来一直是一个活跃的研究领域，因为它具有非接触、准确和大规模测量的能力，特别适用于对人体有害的环境中。由于 t-$LaVO_4$:Eu 的$^5D_1 \to {^7F_1}$(537nm) 和$^5D_0 \to {^7F_1}$(593nm) 的发射随着温度的升高显示出相当不同的强度损失率（见图 4-10（b）），I_{537}/I_{593}荧光强度比（FIR）因此可被用作光学测温。图 4-13（a）显示了 I_{537}/I_{593}的 FIR 与测量温度的关系，可以看出 FIR 随着温度的升高而持续增加，实验数据遵循 FIR(I_{537}/

I_{593}) = 4.54exp(−1785.18/T) +0.12(T = 298 ~ 523K) 的单指数方程式。这表明纳米晶体确实可以被用作温度感应的发光温度计。绝对灵敏度（S_A）、相对灵敏度（S_R）是量化光学测温质量的两个因素，它们可以从以下公式中得出[36-37]：

$$S_A = \left| \frac{\mathrm{dFIR}}{\mathrm{d}T} \right| \tag{4-2}$$

$$S_R = \left| \frac{\mathrm{dFIR}}{\mathrm{d}T} \frac{1}{\mathrm{FIR}} \right| \tag{4-3}$$

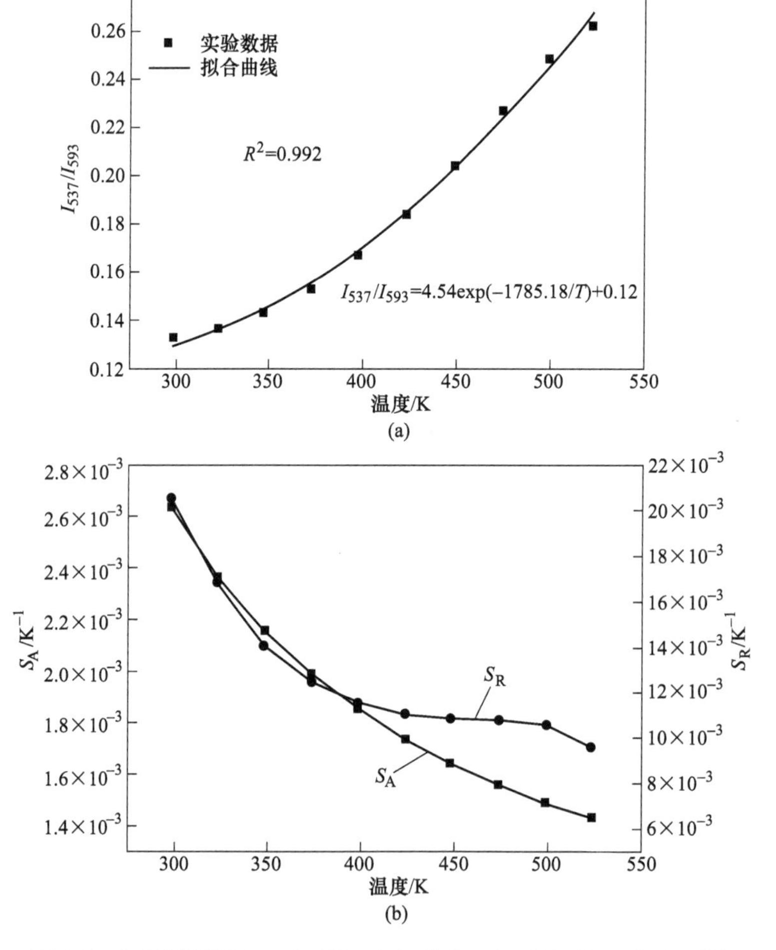

图 4-13 不同温度下 I_{537}/I_{593} FIR（a）及 I_{537}/I_{593} FIR 的 S_A 和 S_R（b）

从图 4-13（b）所示的结果可以看出，在整个测量的温度范围内，S_A 和 S_R 在 298K 时的最大值分别为 $0.27\times10^{-2}K^{-1}$ 和 $2.01\times10^{-2}K^{-1}$，这比此前报道 YVO_4:Eu 的 $S_A=0.1\times10^{-2}$[38] 和 $S_R=0.63\times10^{-2}$[7] 的值大。温度分辨率（或温度不确定

度 δT）为光学温度计的最小可检测温度变化，可以用公式进行评估[39-41]：

$$\delta T = \frac{1}{S_R} \frac{\delta \mathrm{FIR}}{\mathrm{FIR}} \tag{4-4}$$

其中 δFIR/FIR 是 FIR 的相对不确定性。δT 的值主要取决于温度计的性能（由相对灵敏度 S_R 来量化）和实验设置。对于本书相关工作中使用的 FP-8600 分光光度计，δFIR/FIR 达到 0.03% 的典型值[39-41]。因此，I_{537}/I_{593} FIR 的最小 δT 在 298K 时估计为 0.015K。这样的数值明显优于掺有 Eu^{3+}或基于 $LnVO_4$ 的测温荧光粉系统，如 $LiTaO_3$：Ti^{4+}/Eu^{3+}（0.14K）[39]，Sc_2O_3：Eu^{2+}/Eu^{3+}（0.08K）[42] 和 $GdVO_4$:Sm^{3+}(0.14K)[43]。

4.5 本章小结

以 $Ln_2(OH)_4SO_4 \cdot 2H_2O$ 层状氢氧化物为自牺牲模板，在没有任何有机添加剂的情况下，通过 200℃ 水热反应 24h，成功合成了具有良好结晶性、分散性和尺寸均匀性的四方相（$La_{0.95}Eu_{0.05}$）VO_4 纳米晶体（40~80nm；t-$LaVO_4$:Eu）。所合成的纳米晶体在室温 304nm 紫外光激发下，绝对量子产率约为 38.2%，主发射峰荧光寿命约为 1.52ms，色坐标约为（0.33，0.65），620nm 的主发射在 150℃时保留了约 66%的室温强度。Eu^{3+}的 537nm($^5D_1 \rightarrow {}^7F_1$ 跃迁)、593nm($^5D_0 \rightarrow {}^7F_1$ 跃迁）和 620nm($^5D_0 \rightarrow {}^7F_2$ 跃迁）发射的热淬灭活化能约为 0.321eV、0.286eV 和 0.291eV。随着驱动电流（30~100mA）的增加，用纳米晶体封装的 LED 发出逐渐明亮的光并表现出相对稳定的颜色相关温度（3270~3400K）。在电场中观察到极大增强的$^5D_0 \rightarrow {}^7F_4$ 发射（约 697nm）。在光学测温中，I_{537}/I_{593}的荧光强度比在 278K 时发现最大绝对灵敏度约为 $0.27 \times 10^{-2} K^{-1}$，最大相对灵敏度约为 $2.01 \times 10^{-2} K^{-1}$，最小温度分辨率约为 0.015K。

参 考 文 献

[1] MARTÍNEZ-HUERTA M V, CORONADO J M, FERNANDEZ-GARCÍA M, et al. Nature of the vanadia-ceria interface in V^{5+}/CeO_2 catalysts and its relevance for the solid-state reaction toward $CeVO_4$ and catalytic properties [J]. Journal of Catalysis, 2004, 225 (1): 240-248.

[2] ZHANG B, MA Q L, XU C Q. Orthogonally polarized dual-wavelength Nd:YVO_4/MgO:PPLN intra-cavity frequency doubling green laser [J]. Optics & Laser Technology, 2020, 125: 106005.

[3] ZHANG G, WANG Y G, WANG J, et al. Passively Q-switched and mode-locked YVO_4/Nd:YVO_4/Nd:YVO_4 laser based on a MoS_2 saturable absorber at 1342.5nm [J]. Optics & Laser Technology, 2019, 109: 293-296.

[4] TETADA Y, SHIMAMURA K, KOCHURIKHIN V V, et al. Growth and optical properties of $ErVO_4$ and $LuVO_4$ single crystals [J]. Journal of Crystal Growth, 1996, 167 (1/2): 369-372.

[5] KRASNIKOV A, TSIUMRA V, VASYLECHKO L, et al. Photoluminescence origin in Bi^{3+}-doped YVO_4, $LuVO_4$ and $GdVO_4$ orthovanadates [J]. Journal of Luminescence, 2019, 212: 52-60.

[6] XIE W, TIAN C X, LYU F C, et al. Toward temperature-dependent Bi^{3+}-related tunable emission in the YVO_4:Bi^{3+} phosphor [J]. Journal of the American Ceramic Society, 2019, 102 (6): 3488-3497.

[7] SEVIC D, RABASOVIC M S, KRIZAN J, et al. YVO_4:Eu^{3+} nanopowders: multi-mode temperature sensing technique [J]. Journal of Physics D: Applied Physics, 2020, 53 (1): 015106.

[8] GETZ M N, NILSEN O, HANSEN P. Sensors for optical thermometry based on luminescence from layered YVO_4:Ln^{3+} (Ln=Nd, Sm, Eu, Dy, Ho, Er, Tm, Yb) thin films made by atomic layer deposition [J]. Scientific Reports, 2019, 9: 10247.

[9] HUANG Z C, HUANG S Y, OU G, et al. Synthesis, phase transformation and photoluminescence properties of Eu: $La_{1-x}Gd_xVO_4$ nanofibers by electrospinning method [J]. Nanoscale, 2012, 4 (16): 5065-5070.

[10] CHENG X R, GUO D J, FENG S Q, et al. Structure and stability of monazite- and zircon-type $LaVO_4$ under hydrostatic pressure [J]. Optical Materials, 2015, 49: 32-38.

[11] SHAO B Q, ZHAO Q, GUO N, et al. Novel synthesis and luminescence properties of t-$LaVO_4$: Eu^{3+} micro cube [J]. Cryst. Eng. Comm., 2014, 16 (2): 152-158.

[12] VAN D R, D'HOOGE M, SAVIC A, et al. Influence of Y^{3+}, Gd^{3+}, and Lu^{3+} co-doping on the phase and luminescence properties of monoclinic Eu:$LaVO_4$ particles [J]. Dalton Transactions, 2015, 44 (42): 18418-18426.

[13] ZHANG J L, SHI J X, TAN J B, et al. Morphology-controllable synthesis of tetragonal $LaVO_4$ nanostructures [J]. Cryst. Eng. Comm., 2010, 12 (4): 1079-1085.

[14] DING Y, ZHANG B, REN Q F, et al. 3D architectures of $LaVO_4$:Eu^{3+} microcrystals via an EG-assisted hydrothermal method: phase selective synthesis, growth mechanism and luminescent properties [J]. Journal of Korean Ceramic Society, 2017, 54 (2): 96-101.

[15] CHEN C L, YU Y, LI C G, et al. Facile synthesis of highly water-soluble lanthanide-doped t-$LaVO_4$ NPs for antifake ink and latent fingermark detection [J]. Small, 2017, 13 (48): 1702305.

[16] HUANG S, WANG Z H, ZHU Q, et al. A new protocol for templated synthesis of YVO_4:Ln luminescent crystallites (Ln = Eu, Dy, Sm) [J]. Journal of Alloys and Compounds, 2019, 776: 773-781.

[17] YUAN S W, SHAO B Q, FENG Y, et al. A novel topotactic transformation route towards monodispersed YOF:Ln(3+) (Ln = Eu, Tb, Yb/Er, Yb/Tm) microcrystals with multicolor emissions [J]. Journal of Materials Chemistry C, 2018, 6 (34): 9208-9215.

[18] SHAO B Q, FENG Y, JIAO M M, et al. A two-step synthetic route to GdOF:Ln^{3+} nanocrystals with multicolor luminescence properties [J]. Dalton Transactions, 2016, 45 (6): 2485-2491.

[19] ZHANG F, ZHAO D Y. Synthesis of uniform rare earth fluoride ($NaMF_4$) nanotubes by in situ ion exchange from their hydroxide [$M(OH)_3$] parents [J]. ACS Nano, 2009, 3 (1):

159-164.

[20] XU J, GAI S L, MA P A, et al. Gadolinium fluoride mesoporous microspheres: controllable synthesis, materials and biological properties [J]. Journal of Materials Chemistry B, 2014, 2 (13): 1791-1801.

[21] JIA Y, SUN T Y, WANG J H, et al. Synthesis of hollow rare-earth compound nanoparticles by a universal sacrificial template method [J]. Cryst. Eng. Comm., 2014, 16 (27): 6141-6148.

[22] YANG X Y, ZHANG Y, XU L, et al. Surfactant-free sacrificial template synthesis of submicrometer-sized $YVO_4:Eu^{3+}$ hierarchical hollow spheres with tunable textual parameters and luminescent properties [J]. Dalton Transactions, 2013, 42 (11): 3986-3993.

[23] LI J, LI J G, ZHU Q, et al. Room-temperature fluorination of layered rare-earth hydroxide nanosheets leading to fluoride nanocrystals and elucidation of down-/up-conversion photoluminescence [J]. Materials & Design, 2016, 112: 207-216.

[24] XIONG H L, DONG J C, YANG J F, et al. Facile hydrothermal synthesis and multicolortunable luminescence of $YPO_4:Ln^{3+}$ (Ln=Eu, Tb) [J]. RSC Advances, 2016, 6: 98208-98215.

[25] WANG Z H, LI J G, ZHU Q, et al. Sacrificial conversion of layered rare-earth hydroxide (LRH) nanosheets into $(Y_{1-x}Eu_x)PO_4$ nanophosphors and investigation of photoluminescence [J]. Dalton Transactions, 2016, 45 (12): 5290-5299.

[26] XU Z H, LI H X, YANG D M, et al. Self-templated and self-assembled synthesis of nano/microstructures of Gd-based rare-earth compounds: morphology control, magnetic and luminescence properties [J]. Physical Chemistry Chemical Physics, 2010, 12 (37): 11315-11324.

[27] WANG X J, LI J G, MOLOKEEV M S, et al. Layered hydroxyl sulfate: Controlled crystallization, structure analysis, and green derivation of multi-color luminescent $(La, RE)_2O_2SO_4$ and $(La,RE)_2O_2S$ phosphors (RE=Pr, Sm, Eu, Tb, and Dy) [J]. Chemical Engineering Journal, 2016, 302: 577-586.

[28] Bruker AXS TOPAS V4: General profile and structure analysis software for powder diffraction data-user's manual, Bruker AXS, Karlsruhe, Germany, 2008.

[29] SHANNON R D. Revised effective ionic radii and systematic studies of interatomie distances in halides and chaleogenides [J]. Acta Crystallographica, 1976, A32: 751-767.

[30] JEONG H, LEE B I, BYEON S H. Antenna effect on the organic spacer-modified Eu-doped layered gadolinium hydroxide for the detection of vanadate ions over a wide pH range [J]. ACS Applied Materials & Interfaces, 2016, 8 (17): 10946-10953.

[31] LIANG J B, MA R Z, GENG F X, et al. $Ln_2(OH)_4SO_4 \cdot nH_2O$ (Ln=Pr to Tb; $n\sim2$): A new family of layered rare-earth hydroxides rigidly pillared by sulfate ions [J]. Chemistry of Materials, 2010, 22 (21): 6001-6007.

[32] WANG Z H, LI Y M, ZHU Q, et al. Hydrothermal crystallization of VO_4^{3-} stabilized t-Gd $(P, V)O_4:Eu^{3+}$ nanocrystals for remarkably improved and color tailorable luminescence [J]. Chemical Engineering Journal, 2019, 357: 84-93.

[33] KANG F W, LI L J, HAN J, et al. Emission color tuning through manipulating the energy

transfer from VO_4^{3-} to Eu^{3+} in single-phased $LuVO_4:Eu^{3+}$ phosphors [J]. Journal of Materials Chemistry C, 2017, 5 (2): 390-398.

[34] WANG X J, WANG X J, WANG Z H, et al. Photo/cathodoluminescence and stability of $Gd_2O_2S:Tb$, Pr green phosphor hexagons calcined from layered hydroxide sulfate [J]. Journal of the American Ceramic Society, 2018, 101 (12): 5477-5486.

[35] DU P P, MENG Q H, WANG X J, et al. Sol-gel processing of Eu^{3+} doped $Li_6CaLa_2Nb_2O_{12}$ garnet for efficient and thermally stable red luminescence under near-ultraviolet/blue light excitation [J]. Chemical Engineering Journal, 2019, 375: 121937.

[36] LIU W G, WANG X J, ZHU Q, et al. Upconversion luminescence and favorable temperature sensing performance of eulytite-type $Sr_3Y(PO_4)_3:Yb^{3+}/Ln^{3+}$ phosphors (Ln = Ho, Er, Tm) [J]. Science and Technology of Advanced Materals, 2019, 20 (1): 949-963.

[37] ZHANG J, HUA Z H. Effect of dopant contents on upconversion luminescence and temperature sensing behavior in $Ca_3La_6Si_6O_{24}:Yb^{3+}$-$Er^{3+}/Ho^{3+}$ phosphors [J]. Journal of Luminescence, 2018, 201: 217-223.

[38] KOLESNIKOV I E, GOLYEVA E V, LÄHDERANTA E, et al. Ratiometric thermal sensing based on Eu^{3+}-doped YVO_4 Nanoparticles [J]. Journal of Nanoparticle Research, 2016, 18 (12): 354.

[39] WANG C L, JIN Y H, YUAN L F, et al. A spatial/temporal dual-mode optical thermometry platform based on synergetic luminescence of Ti^{4+}-Eu^{3+} embedded flexible 3D micro-rod arrays: high-sensitive temperature sensing and multi-dimensional high-level secure anti-counterfeiting [J]. Chemical Engineering Journal, 2019, 374: 992-1004.

[40] LIU W G, WANG X J, ZHU Q, et al. Tb^{3+}/Mn^{2+} singly/doubly doped $Sr_3Ce(PO_4)_3$ for multi-color luminescence, excellent thermal stability and high-performance optical thermometry [J]. Journal of Alloys and Compounds, 2020, 829: 154563.

[41] ROCHA J, BRITES C D, CARLOS L D. Lanthanide organic framework luminescent thermometers [J]. Chemistry-A European Journal, 2016, 22 (42): 14782-14795.

[42] PAN Y, XIE X, HUANG Q, et al. Inherently Eu^{2+}/Eu^{3+} codoped Sc_2O_3 nanoparticles as high-performance nanothermometers [J]. Advanced Materials, 2018, 30 (14): 1705256.

[43] ZHOU S, DUAN C, HAN S. A novel strategy for thermometry based on the temperature-induced red shift of the charge transfer band edge [J]. Dalton Transactions, 2018, 47 (5): 1599-1603.

[44] WANG X J, LI J G, MOLOKEEV M S, et al. Layered hydroxyl sulfate: Controlled crystallization, structure analysis, and green derivation of multi-color luminescent $(La,RE)_2O_2SO_4$ and $(La,RE)_2O_2S$ phosphors (RE = Pr, Sm, Eu, Tb, and Dy) [J]. Chemical Engineering Journal, 2016, 302: 577-586.

5 双金属稀土钨/钼酸盐的制备及发光

5.1 双金属稀土钨酸盐 $Na(La,Eu)(WO_4)_2$ 荧光粉的合成及发光性能研究

5.1.1 引言

$ARE(WO_4)_2$ 型双金属稀土钨酸盐（A 为金属离子，RE 为稀土离子）具有白钨矿结构，空间群为 $I4/a$，近年来在发光材料领域受到了广泛的关注[1-2]。该类化合物中包含 WO_4^{2-} 四面体阴离子，具有很高的热稳定性、物理化学稳定性和结构多样性[3-4]。在过去的研究中，$ARE(WO_4)_2$ 双金属稀土钨酸盐的研究主要集中在大块单晶上，进行激光性能的应用，后因其具有容纳各种稀土离子（RE）激活剂的能力，被认为是一种优良的基质材料[5]且通过有效的［WO_4］与 RE^{3+} 的能量传递实现较高的发射效率。由于其具有层状晶体结构，使得大多数稀土离子被［WO_4］四面体隔开，使相邻稀土离子间存在较大的距离，有效抑制了激活剂在晶格中的浓度淬灭效应，使得其具有较高的淬灭浓度。

现有的 $ARE(WO_4)_2$ 双金属稀土钨酸盐的合成方法有水热法、溶胶-凝胶法、固相反应法、共沉淀法等。目前广泛应用的水热法一般为合成某种前驱体后通过适当的煅烧获得 $ARE(WO_4)_2$，后续的煅烧会导致颗粒聚集，不能保持良好的形貌。本章介绍以（$(La,Eu)(OH)SO_4$）作为自牺牲反应的模板制备 $Na(La,Eu)(WO_4)_2$ 荧光粉，该过程不需要煅烧，可直接获得产物，并详细分析该荧光粉制备过程中的相转变过程及光致发光性能，包括激发/发射光谱、荧光寿命、色坐标、热稳定性等；通过一系列 Eu^{3+} 掺杂的 $Na(La_{1-x}Eu_x)(WO_4)_2$ 荧光粉探究其最佳浓度及浓度淬灭机理；研究 $Na(La_{0.75}Eu_{0.25})(WO_4)_2$ 荧光粉基于荧光强度比（FIR）和荧光寿命（FL）两种模式下的光学测温性能。

如前文所述，自牺牲模板法是一种有效的化学合成方法。在自牺牲反应过程中，模板起着至关重要的作用，往往决定了反应过程、最终产物的产率、化学组成和微观形貌等。稀土氢氧化物是合成稀土化合物的良好模板，此前有多个课题组研究了多种模板在合成稀土发光材料中的应用。Huang 等[6]以 $RE(OH)_{2.94}(NO_3)_{0.06} \cdot nH_2O$ 作为模板，与 NH_4VO_3 在水热反应条件下成功制备了 $REVO_4$ 纳米化合物，详细研究了产物的相形成过程及发光性能。Yuan 等[7]选择 $Y_4O(OH)_9NO_3$ 作为模板，通过自牺牲反应成功制备了 YOF 化合物。Zhao

等[8]选择非晶态 $Y(OH)CO_3 \cdot xH_2O$ 作为模板，合成了单分散球形形貌化合物 YF_3。此外如 $La(OH)_3$、$La_2(OH)_5NO_3 \cdot nH_2O$ 和 $La_2(OH)_4SO_4 \cdot nH_2O$ 类稀土氢氧化物也被用作自牺牲反应的模板，该类氢氧化物模板在反应过程中会逐渐将 OH^- 释放到溶液中，由于溶液中存在化学反应平衡，因此较高的 OH^- 与 RE^{3+} 摩尔比会降低化学反应的速率。Haschke 等[9]首次报道了 $La(OH)SO_4$ 化合物，其具有较低的 OH^- 与 RE^{3+} 摩尔比（$R=1$）。该化合物晶体结构中，每个 La 原子与 9 个 O 原子配位形成［LaO_9］，其中 6 个 O 来自 SO_4^{2-}，另外 3 个 O 来自 OH^-，S 原子位于扭曲的四面体［SO_4^{2-}］中心。因 $La(OH)SO_4$ 化合物中具有较低的 OH^- 与 RE^{3+} 摩尔比（$R=1$），可合理推测以该氢氧化物为模板有望得到较快的化学反应速度。

由于不同的反应条件如温度、pH 值、RE^{3+} 与 SO_4^{2-} 摩尔比等会对制备的产物产生影响，生成不同的氢氧化物如 $La_2(OH)_4SO_4 \cdot nH_2O$ 和 $La(OH)_3$ 等，因此有必要对 $La(OH)SO_4$ 化合物的合成条件进行探索。本章探究了 $(La,Eu)(OH)SO_4$ 的合成条件，并将其作为自牺牲反应的模板制备双金属稀土钨/钼酸盐荧光粉，探究了 $(La,Eu)(OH)SO_4$ 作为自牺牲反应的模板制备双金属稀土钨/钼酸盐荧光粉的化学反应过程和合成条件，详细叙述了 $(La,Eu)(OH)SO_4$ 和所得双金属稀土钨/钼酸盐荧光粉的发光性能，包括激发/发射光谱、量子效率、色纯度和主发射峰的衰减曲线等。

5.1.2　$(La,Eu)(OH)SO_4$ 模板的合成及发光性能研究

样品的合成步骤如下：

（1）$RE(NO_3)_3$ 溶液的制备。称取一定质量的稀土氧化物 RE_2O_3 于烧杯中，加入适量去离子水，将烧杯置于水浴锅中加热搅拌。当温度达到 95℃时，逐滴加入浓硝酸至溶液为澄清透明，然后继续加热搅拌含有过量浓硝酸的溶液以蒸发过量的浓硝酸。冷却至室温后，加入去离子水溶解后转移到容量瓶中，然后定容，获得 $RE(NO_3)_3$ 溶液（浓度为 0.2mol/L）。

（2）$RE(OH)SO_4$ 化合物的制备。一定量的 $(NH_4)SO_4$（RE^{3+} 与 SO_4^{2-} 摩尔比为（1∶0.5）~（1∶30））溶解在 30mL $RE(NO_3)_3$ 溶液中，再加入 30mL 去离子水，将溶液置于磁力搅拌器搅拌 15min，用稀氨水将溶液 pH 值调至 8，将悬浮液在室温下持续搅拌 24h，或将其转移到 100mL 反应釜中，在 50~200℃水热反应 24h。反应结束冷却至室温后将样品离心（去离子水 4 次，无水乙醇 1 次），将离心后的粉末样品置于 70℃的烘箱中干燥 24h。

图 5-1 是以稀土硝酸盐（$La(NO_3)_3$）及硫酸铵（$(NH_4)_2SO_4$）为原料（RE^{3+} 与 SO_4^{2-} 摩尔比为 1∶1），使用氨水调节体系 pH 值为 8 后，在不同温度下反应 24h 所得产物的 XRD 图谱。从图 5-1 中可以看出室温至 50℃温度范围内的

产物为非晶，100～200℃范围内所得产物与 $La(OH)SO_4$ 的标准卡（JCPDS No. 00-045-0750）匹配良好，没有出现其他杂质峰；但可以看出衍射峰的相对强度出现了较大的变化，100～180℃产物的（$\bar{1}02$）衍射峰为较强的衍射峰，200℃产物最强衍射峰为（020），衍射峰的变化主要由不同温度下所得产物的微观形貌改变所引起。从图 5-2 中典型产物的微观形貌可以看出，随着温度的升高，产物形貌由颗粒状变为板片状，且板片的大小随温度升高而增大，因此导致了衍射峰相对强度的变化。

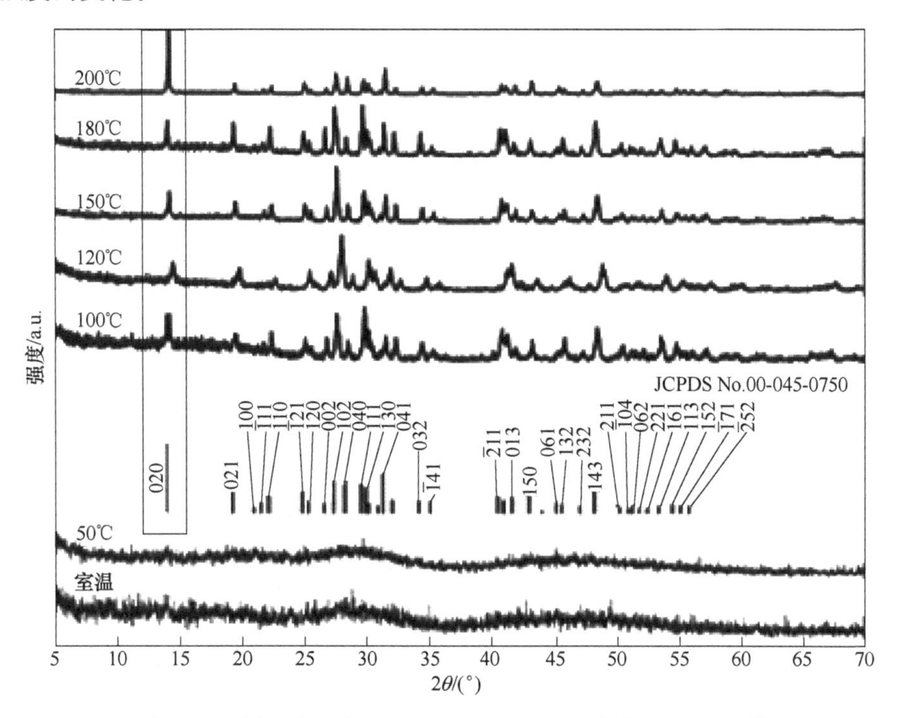

图 5-1 不同反应温度（室温至 200℃）所得产物的 XRD 图谱

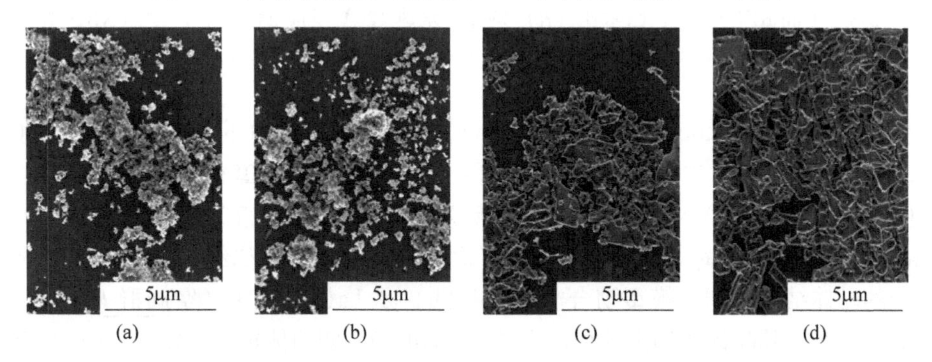

图 5-2 不同反应温度（室温至 200℃）所得产物的 SEM 图谱

（a）室温；（b）100℃；（c）150℃；（d）200℃

图 5-3 是不同 RE^{3+} 与 SO_4^{2-} 摩尔比时水热 120℃ 反应 24h 产物的 XRD 图谱，当 $R=1:0.5$ 时，产物的主相为（$La_{0.95}Eu_{0.05}$）(OH)SO_4，其中杂质峰为（$La_{0.95}Eu_{0.05}$）$_2$(OH)$_4SO_4\cdot 2H_2O$（灰色正方形）。在 $R=1:1$ 和 $R=1:2$ 时，产物与 La(OH)SO_4 的标准卡（JCPDS No. 00-045-0750）吻合，没有出现其他杂质峰。当 $R=1:10$ 时，得到的产物为 $NH_4La(SO_4)_2$（JCPDS No. 73-0063）。当 $R=1:30$时，未能检索到现有的与之对应的化合物。

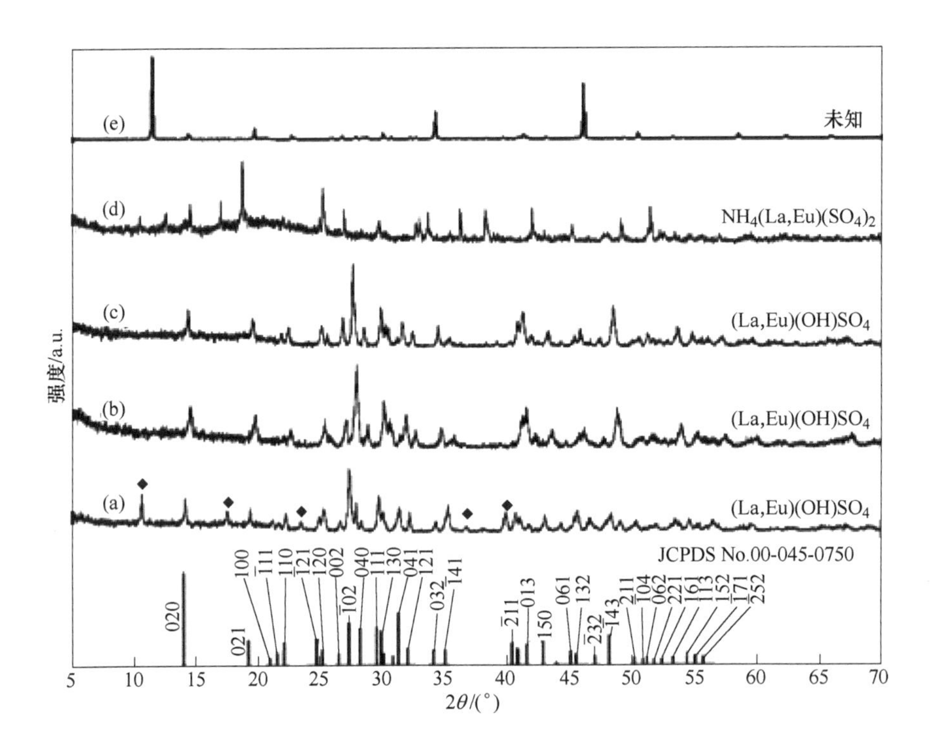

图 5-3　不同 RE^{3+} 与 SO_4^{2-} 摩尔比（R）条件下水热 120℃ 反应 24h 所得产物的 XRD 图谱

(a) $R=1:0.5$；(b) $R=1:1$；(c) $R=1:2$；(d) $R=1:10$；(e) $R=1:30$

从图 5-1 和图 5-3 的结果可知 La(OH)SO_4 化合物的合成条件为 100～200℃(pH=8，RE^{3+} 与 SO_4^{2-} 摩尔比为 1）和 RE^{3+} 与 SO_4^{2-} 摩尔比为 1～2(120℃，pH=8)。图 5-4（a）是 RE^{3+} 与 SO_4^{2-} 摩尔比 $R=1$ 时 120℃ 水热反应 24h 产物 La(OH)SO_4 的精修图，图中 R_p 和 R_{wp} 值均小于 10%说明精修结果可靠，表明该化合物的晶体结构与理论模型吻合。图 5-4（b）是 La(OH)SO_4（空间群 $P2_1/n$）的晶体结构图，其晶体结构由［LaO_9］多面体和 SO_4^{2-} 四面体组成。每个 La 与 9 个 O 原子配位，其中 6 个 O 来自 SO_4^{2-}，其 La—O 键键长的范围为 0.24311～0.26883nm，另外 3 个 O 来自 OH^-，其 La—O 键键长的范围为 0.24970～0.25902nm。

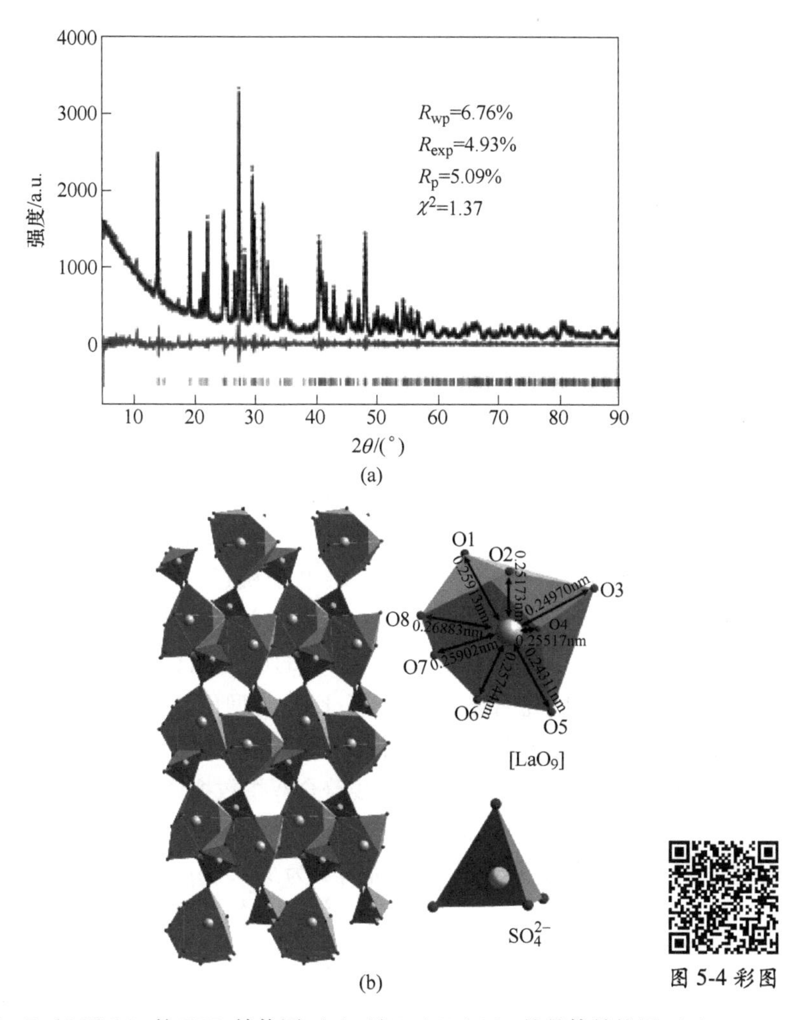

图 5-4 La(OH)SO$_4$ 的 XRD 精修图（a）及 La(OH)SO$_4$ 的晶体结构图（b）

通过紫外可见光谱研究了 La(OH)SO$_4$ 化合物的光学性质，如图 5-5（a）和图 5-5（b）所示。结果表明，La(OH)SO$_4$ 在 200~250nm 紫外范围内表现出吸收作用。通过公式（5-1）计算化合物的带隙值[10-11]：

$$\alpha = B_d(h\nu - E_g)^{1/2} \tag{5-1}$$

式中，α 为吸收系数；B_d为吸收常数；$h\nu$ 为入射光子的能量。

通过计算得出该化合物的带隙为 5.18eV。由于 La(OH)SO$_4$ 化合物的带隙从未报道过，因此无法与此前工作进行比较。通过 CASTEP 软件对 La(OH)SO$_4$ 化合物进行了模拟，得到该化合物的电子结构如图 5-5（b）所示。该结果表明，该化合物属于直接带隙，数值为 4.69eV。该结果与实验所得的结果 5.18eV 基本吻合，但略小于实测值，主要原因为理论计算过程中忽略了电子的相互作用。

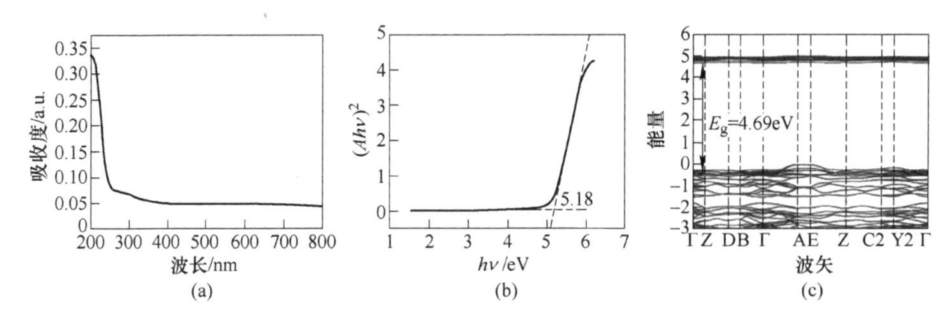

图 5-5 La(OH)SO_4 化合物的紫外可见吸收光谱（a）、带隙能量的测定图（b）和能带结构图（c）

图 5-6（a）是（La,Eu)(OH)SO_4 的激发和发射光谱，图中分别标注了量子效率（QY)、色坐标（CIE）和色纯度（CP)，其值分别为 21.49%、（0.63，0.37）和 89%。在 613nm($^5D_0 \to ^7F_2$）监测下获得了（La,Eu)(OH)SO_4 的激发光谱。在 280~500nm 范围内，由于 Eu^{3+} 内部 $4f^6$ 层电子跃迁，出现了一系列的尖峰，其中 395nm($^7F_0 \to ^5L_6$）处峰值最强。以 264nm 为中心的宽的激发带强度明显低于 395nm 处的 $^7F_0 \to ^5L_6$ 跃迁，其可归因于 $O^{2-} \to Eu^{3+}$ 的电荷跃迁（CT)。在 395nm 激发下，在（La,Eu)(OH)SO_4 化合物中得到了 Eu^{3+} 典型的 $^5D_0 \to ^7F_j(j=1\sim4)$ 跃迁。在 613nm 处的 $^5D_0 \to ^7F_2$ 跃迁峰的强度明显高于 593nm 处的 $^5D_0 \to ^7F_1$ 跃迁。图 5-6（b）是 613nm 主发射峰的衰减曲线，该曲线符合双指数拟合公式（5-2）[12-13]：

$$I(t) = A_1\exp(-t/\tau_1) + A_2\exp(-t/\tau_2) \tag{5-2}$$

通过公式（5-3）[12-13] 计算平均衰减时间 τ 为 976.06μs。

$$\tau = \frac{A_1\tau_1^2 + A_2\tau_2^2}{A_1\tau_1 + A_2\tau_2} \tag{5-3}$$

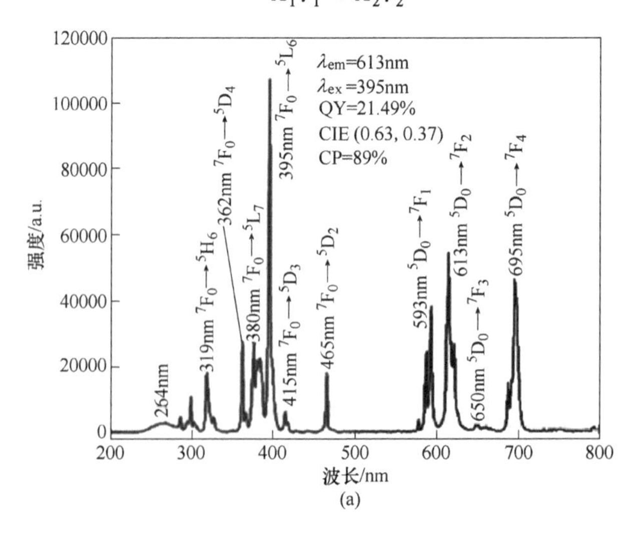

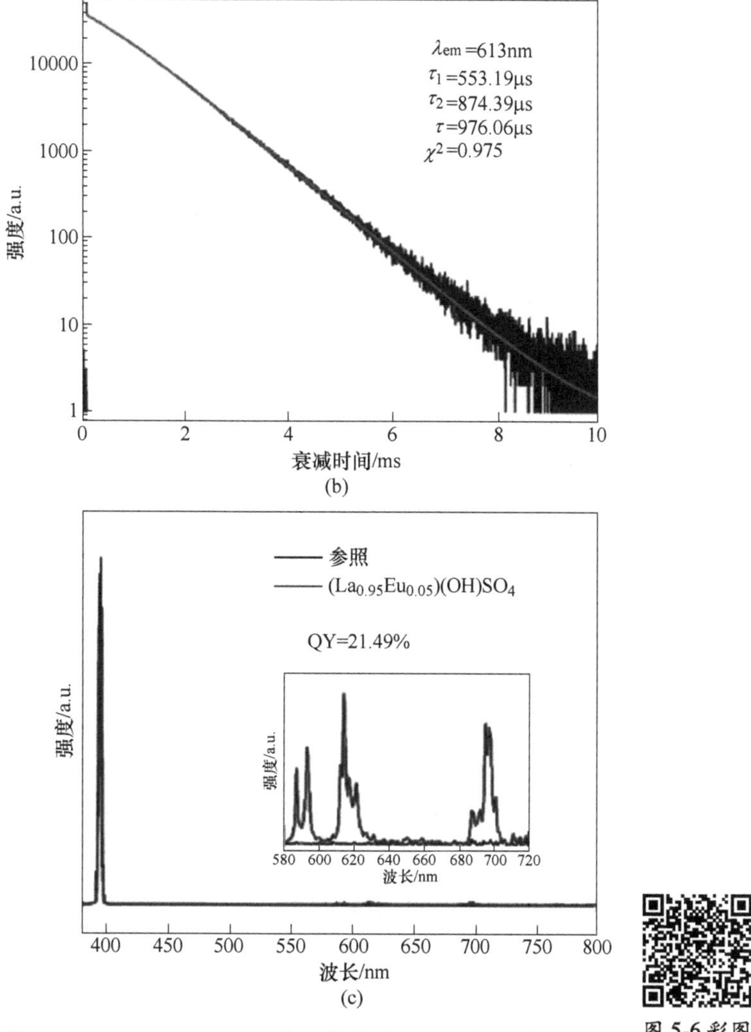

图 5-6 (La,Eu)(OH)SO_4 化合物的激发和发射光谱（a）、主发射峰的衰减曲线（b）和量子效率（QY）（c）

5.1.3 白钨矿型双金属稀土钨酸盐 $Na(La,Eu)(WO_4)_2$ 荧光粉的合成

样品的制备步骤如下：

（1）RE(OH)SO_4 化合物的制备。一定量的（NH_4)SO_4（RE^{3+} 与 SO_4^{2-} 摩尔比为 1∶1）溶解在 30mL RE(NO_3)$_3$ 溶液中，再加入 30mL 去离子水，将溶液置于磁力搅拌器搅拌 15min，用稀氨水将溶液 pH 值调至 8，将悬浮液转移到 100mL 水热釜中，120℃水热反应 24h。反应结束冷却至室温后将样品离心（去离子水 4 次，无水乙醇 1 次），将离心后的粉末样品置于 70℃的烘箱中干燥 24h。

（2）$NaRE(WO_4)_2$ 荧光粉的制备。将 $RE(OH)SO_4$ 模板分散到 60mL $Na_2(WO_4)_2 \cdot 2H_2O$ 溶液中，磁力搅拌 15min 后用稀硝酸调节 pH 值，然后将悬浮液转移至 100mL 反应釜中，水热反应不同的温度（100～200℃）和时间（0～24h）。反应结束冷却至室温后将样品离心（去离子水 4 次，无水乙醇 1 次），将离心后的粉末样品置于 70℃ 的烘箱中干燥 24h。

图 5-7 是 $(La,Eu)(OH)SO_4$ 与 $Na_2WO_4 \cdot 2H_2O$ 不同 pH 条件反应所得产物的 XRD 图谱。$(La,Eu)(OH)SO_4$ 模板中加入 $Na_2WO_4 \cdot 2H_2O$ 后，悬浮液的整体 pH 值约为 9，因此图中标注 pH≈9 的 XRD 图谱为未经 pH 值调控，直接进行反应后所得产物的 X 射线衍射，可以看出其主要衍射峰仍与模板的标准卡片（JCPDS No. 00-045-0750）匹配良好，说明通过与第 2 章类似的方法即将模板与含目标产物阴离子的盐直接反应无法获得目标产物。因此对反应体系的 pH 值进行了调节，相应的 pH 值标于图中，可以发现，将反应体系的 pH 值调节至 10 即碱性条件下所得产物的 X 射线衍射与未对体系进行 pH 值调节时所得产物相似。其原因为碱性环境下存在的大量羟基不利于反应的进行。当将产物的 pH 值调节至 6 时，可以发现所得产物的衍射峰与 $NaLa(WO_4)$ 纯相的标准卡片 JCPDS No. 01-079-1118 吻合良好。但持续降低 pH 值至 4 后，发现除目标产物外，生成了较多的未知产物（图中标以红色圆点）。推测可能的原因为酸性环境下的 H^+ 消耗了模板中的 OH^- 利于反应的进行，但过酸的环境不利于目标产物的稳定存在，导致其他产物的生成。

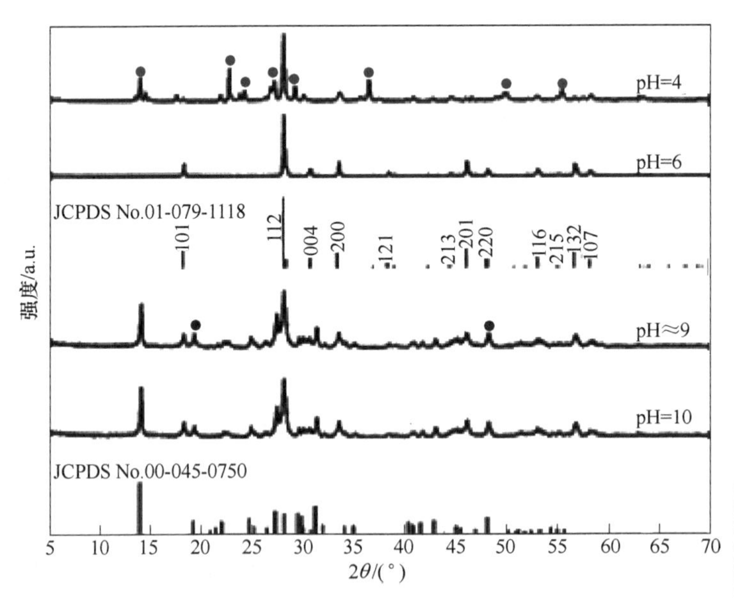

图 5-7　$(La,Eu)(OH)SO_4$ 模板加入 $Na_2WO_4 \cdot 2H_2O$ 在不同 pH 条件反应所得产物的 XRD 图谱

图 5-7 彩图

图 5-8（a）为（$La_{0.95}Eu_{0.05}$）(OH)SO_4 模板的红外光谱，在 3493cm^{-1}的振动为 OH^-的拉伸振动，在 1104cm^{-1}(ν_3)、981cm^{-1}(ν_1）和 618cm^{-1}(ν_4）为 SO_4^{2-} 的振动峰，当 SO_4^{2-} 四面体扭曲时，ν_3 处的吸收峰会劈裂成两个或三个。在 3493cm^{-1}对应着 OH^-的振动。图 5-8（b）是产物 $Na(La_{0.95}Eu_{0.05})(WO_4)_2$ 荧光粉的红外光谱，在 726cm^{-1}、798cm^{-1}和 937cm^{-1}处有较强的三重峰，其可以归因于［WO_4^{2-}］基团的不对称伸缩振动。反应产物中羟基及硫酸根的振动基本完全消失，说明自牺牲反应后模板消耗完全。

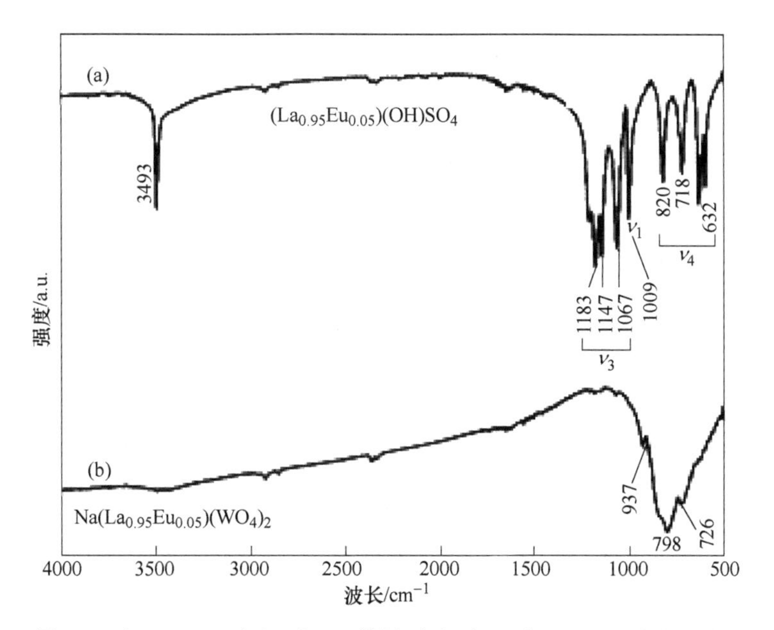

图 5-8 （$La_{0.95}Eu_{0.05}$）(OH)SO_4 模板（a）和 $Na(La_{0.95}Eu_{0.05})(WO_4)_2$ 荧光粉（b）的红外光谱

图 5-9（a）是（$La_{0.95}Eu_{0.05}$）(OH)SO_4 模板的 SEM 图谱，可以观察到其形貌为板片状但是尺寸不均匀，图 5-9（b）是通过（$La_{0.95}Eu_{0.05}$）(OH)SO_4 模板 200℃水热反应 24h 所得产物（$La_{0.95}Eu_{0.05}$）$(WO_4)_2$ 荧光粉的形貌，可观察到产物出现团聚的现象。

图 5-10（a）是 $NaLa(WO_4)_2$ 和 $Na(La,Eu)(WO_4)_2$ 的紫外吸收光谱，结果表明两种样品的紫外吸收性质相似，$Na(La,Eu)(WO_4)_2$ 样品在 395nm 和 465nm 处出现 Eu^{3+}的$^7F_{0,1}\rightarrow{}^5L_6$ 和$^7F_{0,1}\rightarrow{}^5D_2$ 跃迁。图 5-10（b）是通过吸收光谱数据得到的（$Ah\nu$)-$h\nu$ 图，通过计算得出 $NaLa(WO_4)_2$ 和 $Na(La,Eu)(WO_4)_2$ 的带隙分别为 4.07eV 和 3.94eV。Eu^{3+}的掺杂使化合物的带隙略有缩小，本书相关工作测定的带隙值与之前报道的 3.75eV 相似[14]。

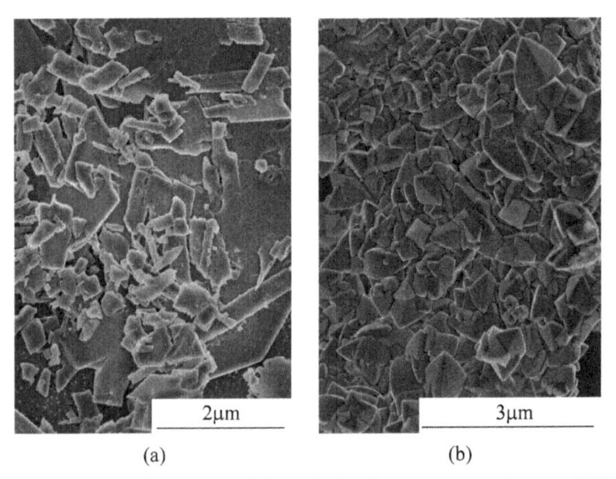

图 5-9　$(La_{0.95}Eu_{0.05})(OH)SO_4$ 模板（a）和 $Na(La_{0.95}Eu_{0.05})(WO_4)_2$（b）荧光粉的扫描电子显微镜图

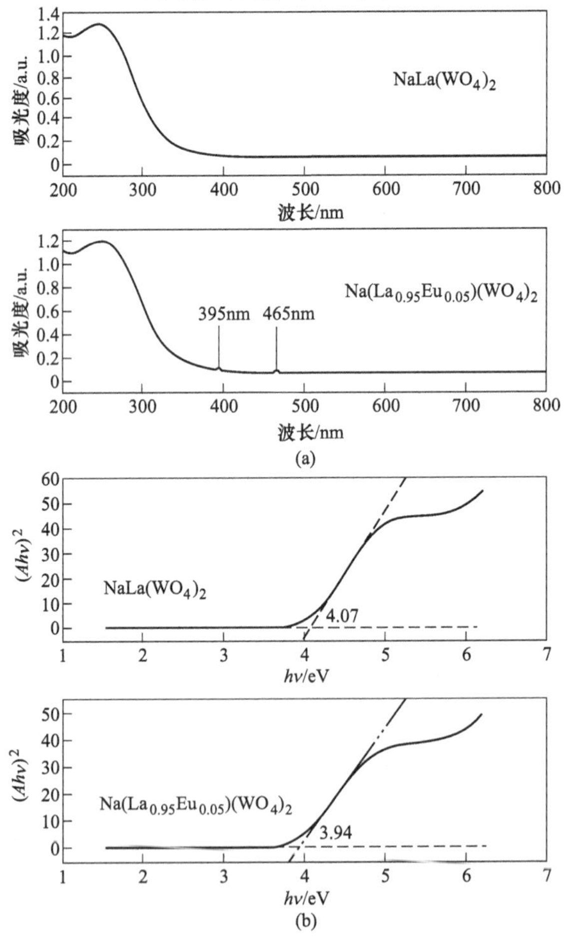

图 5-10　$NaLa(WO_4)_2$ 和 $Na(La,Eu)(WO_4)_2$ 的紫外吸收光谱（a）及带隙能量（b）

图 5-11 是 La(OH)SO_4 模板与 Na_2WO_4 不同水热反应时间产物的 XRD 图谱，该过程很好地证实了 NaLa(WO_4)$_2$ 的合成过程。从图 5-11 中看出室温搅拌 30min 产物为 La(OH)SO_4 模板，延长水热反应的时间，2~6h 产物主相为 NaLa(WO_4)$_2$ 但是含有部分杂质峰（* 标记），当反应时间达到 12h 时，获得了 NaLa(WO_4)$_2$(JCPDS No. 01-079-1118)纯相，因此，在反应条件 200℃（12~24h）可以获得 NaLa(WO_4)$_2$。

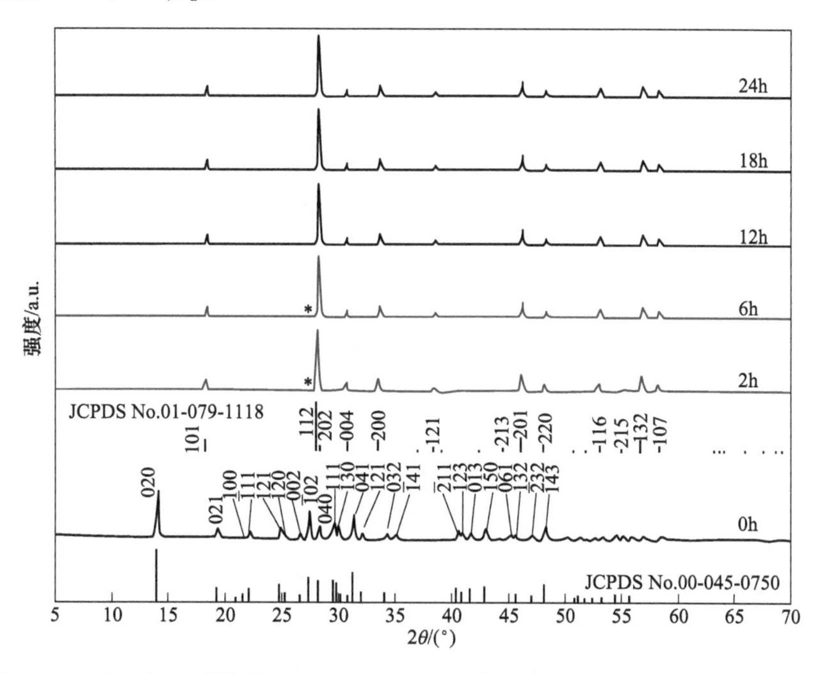

图 5-11　La(OH)SO_4 模板与 Na_2WO_4 在 200℃水热反应不同时间的产物的 XRD 图谱

图 5-12 是 La(OH)SO_4 模板与 Na_2WO_4 不同温度水热反应 24h 产物的 XRD 图谱，当温度为 100℃ 时，模板未完全反应，随着温度的升高，出现了 NaLa(WO_4)$_2$的主相，但是在 120~150℃时含有未知相的杂质峰（* 标记）。当反应温度为 180~200℃ 时为 NaLa(WO_4)$_2$ 纯相，与标卡（JCPDS No. 01-079-1118）吻合。因此，NaLa(WO_4)$_2$ 的合成条件为 180~200℃水热反应 24h。

在以上明确了以 La(OH)SO_4 为模板合成双金属稀土钨酸盐的条件后，合成了不同 Eu^{3+}掺杂量的 La(OH)SO_4 化合物。图 5-13 是（$La_{1-x}Eu_x$)(OH)SO_4(x = 0~0.3）的 XRD 图谱，不同 Eu^{3+}浓度掺杂的（$La_{1-x}Eu_x$)(OH)SO_4 的衍射峰与 La(OH)SO_4（JCPDS No. 00-045-0750）吻合，没有杂质峰；但与标卡相比，随着 Eu^{3+}掺杂量的增加，衍射峰向高角度偏移，原因为半径较小的 Eu^{3+}(CN = 8，r = 0.1066nm）置换了半径较大的 La^{3+}（CN = 8，r = 0.116nm)，引起晶格的收缩。

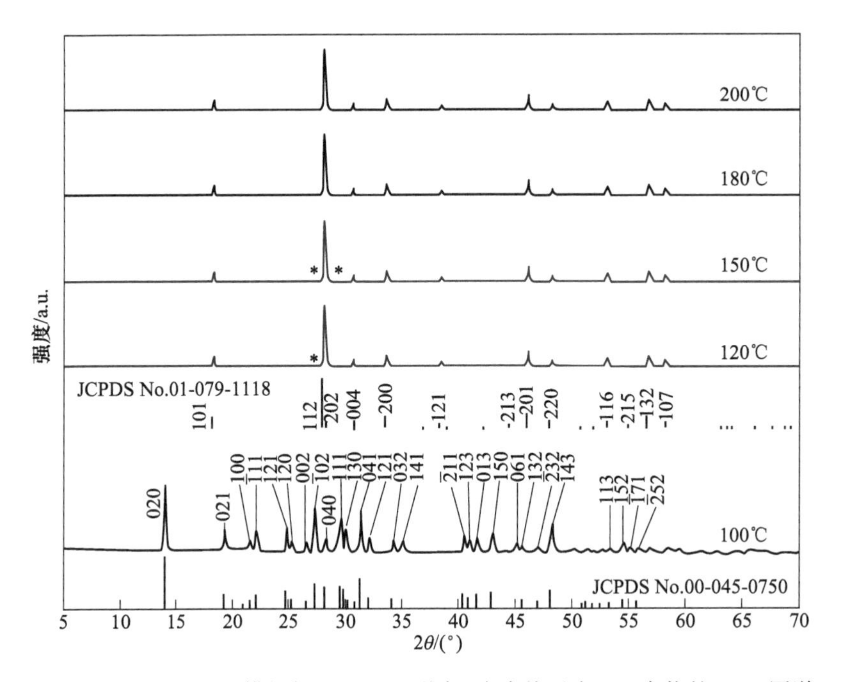

图 5-12　La(OH)SO_4 模板与 Na_2WO_4 不同温度水热反应 24h 产物的 XRD 图谱

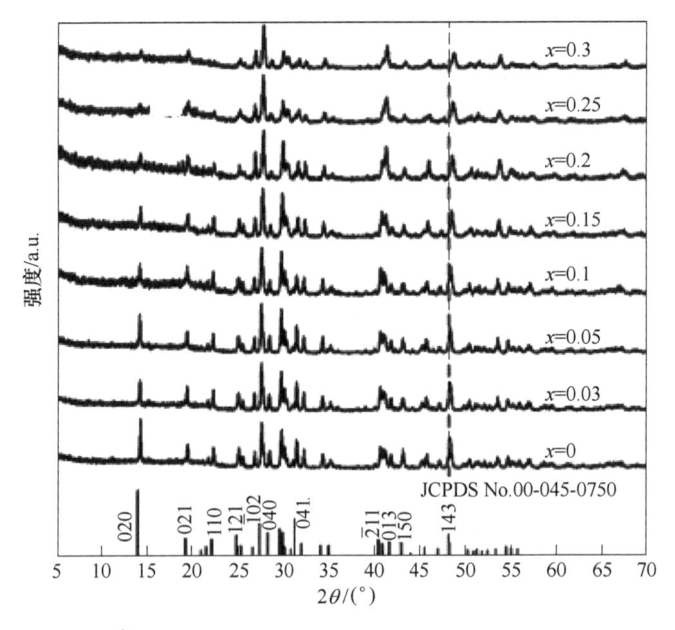

图 5-13　不同 Eu^{3+}掺杂量（$La_{1-x}Eu_x$）(OH)SO_4(x=0~0.3) 模板的 XRD 图谱

图 5-14 是以（$La_{1-x}Eu_x$）(OH)SO_4(x=0~0.3) 为模板合成的不同 Eu^{3+}浓度掺杂的 Na($La_{1-x}Eu_x$)(WO_4)$_2$ 的 XRD 图谱，从图中可以看出所有的衍射峰都与

NaLa(WO$_4$)$_2$(JCPDS No. 00-045-0750) 吻合，没有出现其他杂质峰，说明工艺重复性良好。随着 Eu^{3+} 掺杂量的提高，同样可以观察到衍射峰向高角度偏移。

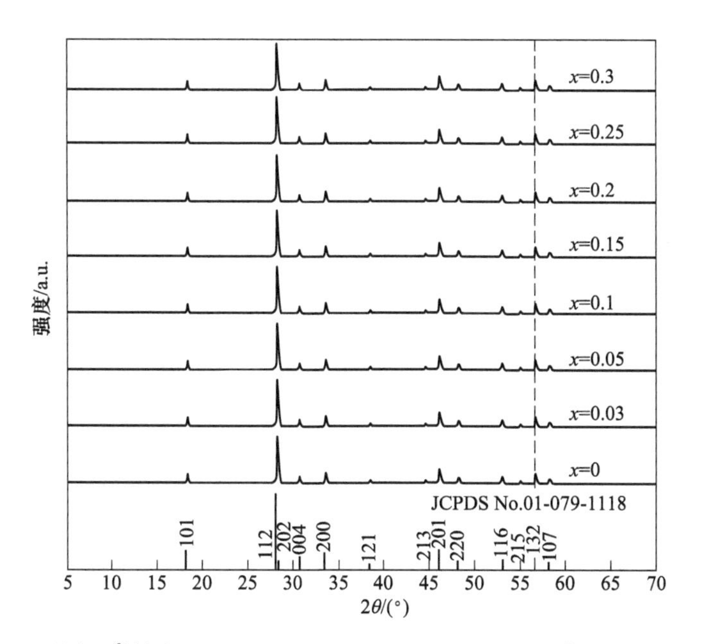

图 5-14 不同 Eu^{3+} 掺杂量 Na($La_{1-x}Eu_x$)(WO$_4$)$_2$(x=0~0.3) 荧光粉的 XRD 图谱

5.1.4 白钨矿型双金属稀土钨酸盐 Na(La,Eu)(WO$_4$)$_2$ 荧光粉的发光性能研究

图 5-15 (a) 是不同 Eu^{3+}浓度掺杂 Na($La_{1-x}Eu_x$)(WO$_4$)$_2$ 的发射光谱图，从图中可以看出不同浓度的 Eu^{3+}的加入没有改变发射峰的形状和位置。在 590nm、614nm、652nm 和 701nm 处尖锐的发射峰归因于 Eu^{3+}的$^5D_0 \to ^7F_j$ (j=1~4) 跃迁。从图 5-15 (a) 中折线图可以看出发光强度随着 Eu^{3+}浓度呈现出先升高后降低的趋势，在 x=0.25 时发光强度最强，其可归因于 Eu^{3+}的浓度淬灭[15-16]。浓度淬灭产生的原因可能是相邻稀土离子之间的共振能量转移导致的非辐射跃迁。Tang 等[17]研究了 Na(La, Eu)(WO$_4$)$_2$ 荧光粉中 Eu^{3+}之间的临界距离，当 R_c<0.05nm 时，能量转移主要由交换相互作用引起；当 R_c>0.05nm 时，能量转移主要是电多级相互作用引起的[18]。稀土离子能量传递的临界距离 R_c 可通过公式 (5-4) 计算[19]：

$$R_c = 2\left(\frac{3V}{4\pi X_c N}\right)^{1/3} \tag{5-4}$$

式中，V 为晶胞体积；N 为晶胞中可被 Eu^{3+} 占据的晶格位数；X_c为淬灭浓度。

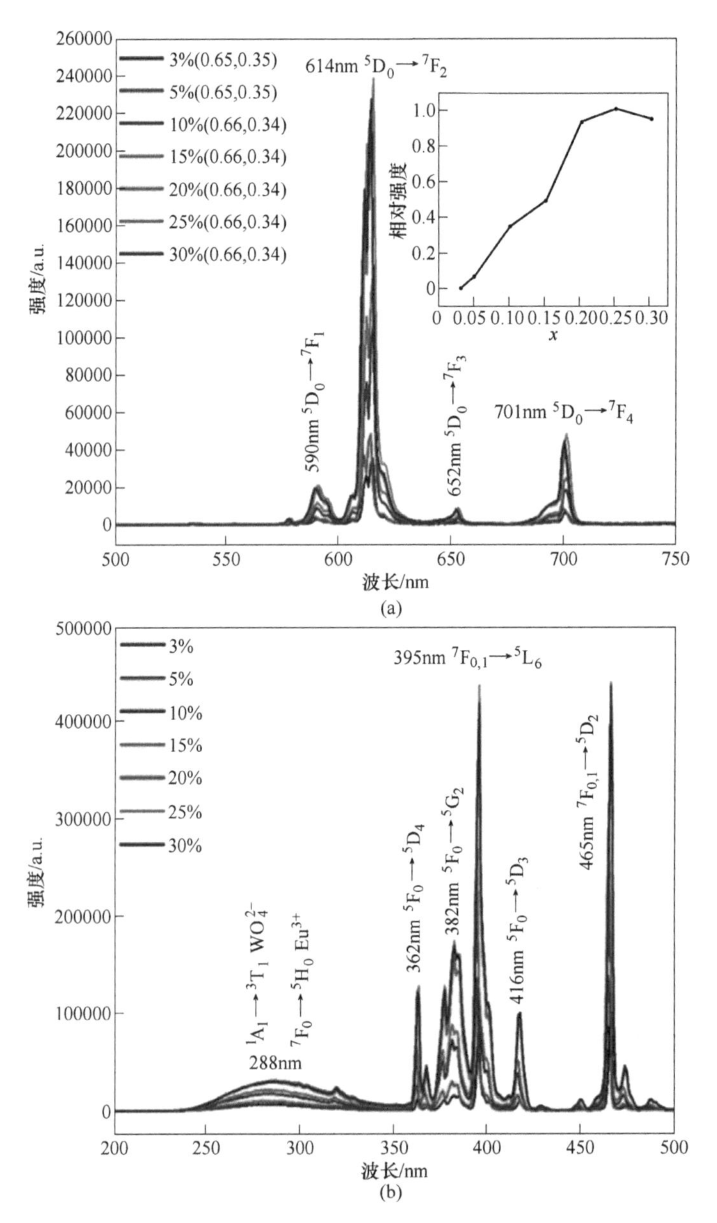

图 5-15 彩图

图 5-15 $Na(La_{1-x}Eu_x)(WO_4)_2$(x=0~0.3) 荧光粉的发射光谱（a）及激发光谱（b）

（图（a）中的内嵌图为 614nm 发射光谱的相对强度随温度的变化趋势）

对于此次合成的 $Na(La,Eu)(WO_4)_2$ 荧光粉，其 V=33.2698nm，N=2，X_c=0.25，通过公式计算得 R_c 的值为 1.083nm，因此可知 Eu^{3+} 在 $NaLa(WO_4)_2$ 基质中的浓度淬灭机理为电多极相互作用。在 $Na(La_{1-x}Eu_x)(WO_4)_2$ 中，Eu^{3+} 获得了高达 25%的最佳掺杂浓度，其原因得益于 $NaLa(WO_4)_2$ 层状结构有效抑制了 Eu^{3+}

的浓度淬灭效应，$NaLa(WO_4)_2$ 化合物的晶体结构如图 5-16 所示。

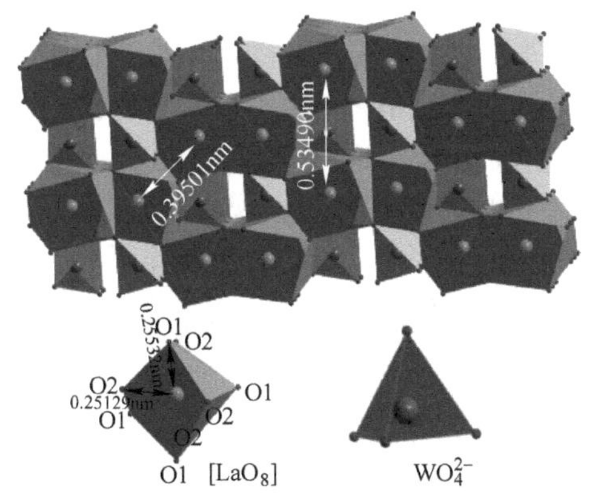

图 5-16 彩图

图 5-16 $NaLa(WO_4)_2$ 的晶体结构图

图 5-15（b）是不同 Eu^{3+} 浓度掺杂 $Na(La_{1-x}Eu_x)(WO_4)_2$ 的激发光谱图，250~350nm 处的宽峰归为 $O^{2-}\rightarrow Eu^{3+}$ 的电荷跃迁与 $[WO_4]^{2-}$ 自激活的重叠，在 362nm、382nm、395nm、416nm 和 465nm 处的跃迁分别归因于 Eu^{3+} 的 $^5F_0\rightarrow{}^5D_4$、$^5F_0\rightarrow{}^5G_2$、$^7F_{0,1}\rightarrow{}^5L_6$、$^5F_0\rightarrow{}^5D_3$ 和 $^7F_{0,1}\rightarrow{}^5D_2$ 跃迁。

由图 5-15（a）中的发射光谱数据可计算出 $Na(La_{1-x}Eu_x)(WO_4)_2(x=0\sim0.3)$ 系列荧光粉的色坐标。图 5-17 是 $Na(La_{1-x}Eu_x)(WO_4)_2$（$x=0\sim0.3$）荧光

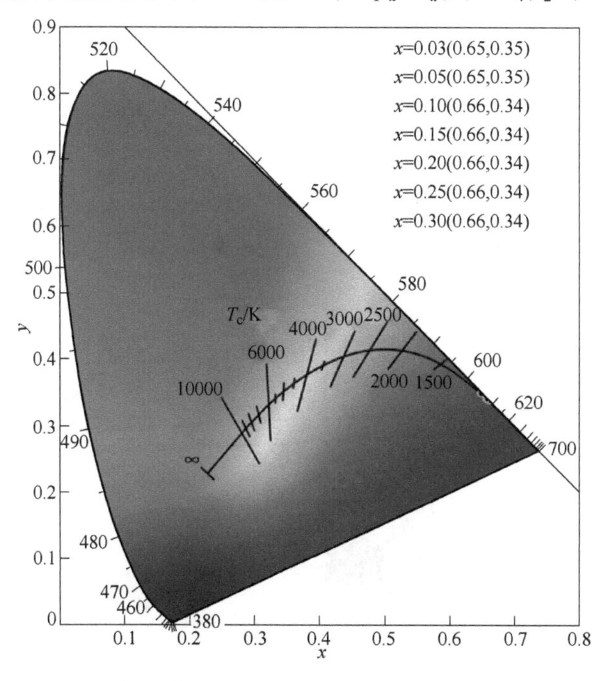

图 5-17 彩图

图 5-17 $Na(La_{1-x}Eu_x)(WO_4)_2(x=0\sim0.3)$ 荧光粉的色坐标

粉的色坐标（CIE）图，从图中可以看出，当掺杂量为 3% 和 5% 时，色坐标为（0.65，0.35），当掺杂量增加至 10% 直至 30% 时，色坐标一直稳定在（0.66，0.34），说明 Eu^{3+} 在双金属稀土钨酸盐中发光稳定。

图 5-18 是不同 Eu^{3+} 掺杂浓度的 $NaLa(WO_4)_2$ 荧光粉主发射峰 614nm 的荧光衰减曲线，衰减为双指数拟合，通过计算结果发现随着 Eu^{3+} 含量的增加，$Na(La_{1-x}Eu_x)(WO_4)_2$ 荧光粉的衰减时间表现出先增加后降低的趋势，在掺杂量为 25% 时为最大，这种现象可归因于 Eu^{3+} 的浓度淬灭。

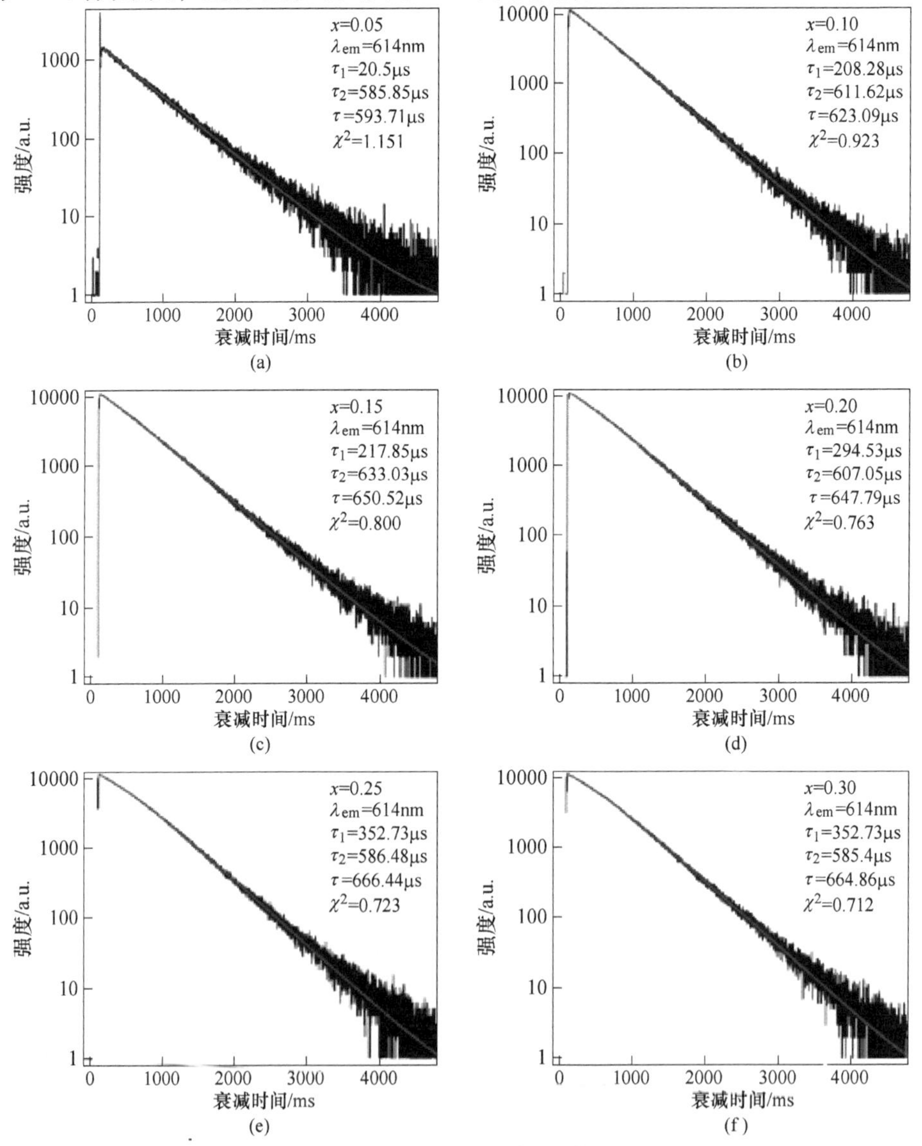

图 5-18　$Na(La_{1-x}Eu_x)(WO_4)_2$ 荧光粉主发射 $^5D_0\rightarrow{}^7F_2$（614nm）峰的衰减曲线

（a）$x=0.05$；（b）$x=0.10$；（c）$x=0.15$；（d）$x=0.20$；（e）$x=0.25$；（f）$x=0.30$

图 5-19（a）是 Na($La_{0.75}Eu_{0.25}$)(WO_4)$_2$ 荧光粉的发射光谱强度与温度（25~225℃）的关系，从图中可以看出，随着温度的变化，发射光谱峰的形状和位置没有发生明显的改变，且随着温度的升高，发射峰的强度逐渐降低，当温度升高到 125℃时，发射峰的强度为初始值（25℃）的 52.5%，产生热淬灭的原因是基态与激发态之间非辐射弛豫概率增加以及声子-光子之间相互作用增强[18,20]。热淬灭的活化能可通过下式计算[21]：

$$I = \frac{I_0}{1 + c\exp\left(-\frac{\Delta E}{kT}\right)} \tag{5-5}$$

式中，I_0和 I 分别为室温和测试温度下的发光强度；c 为指前因子；k 为玻耳兹曼常数（8.617×10^{-5}eV）；ΔE 为热淬灭的活化能；T 为温度，K。

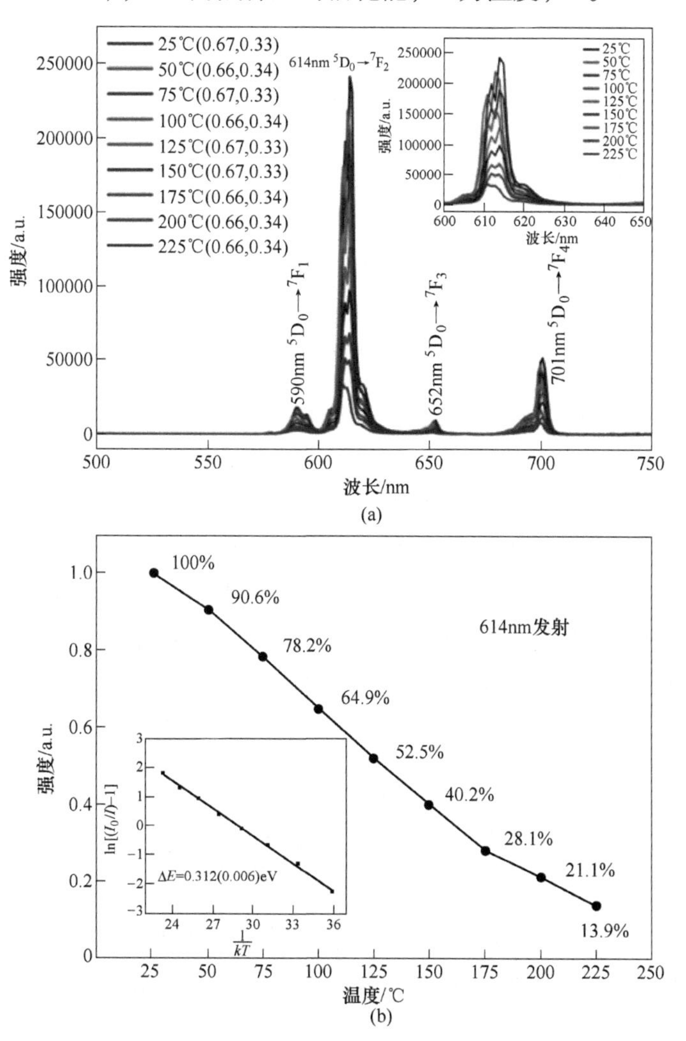

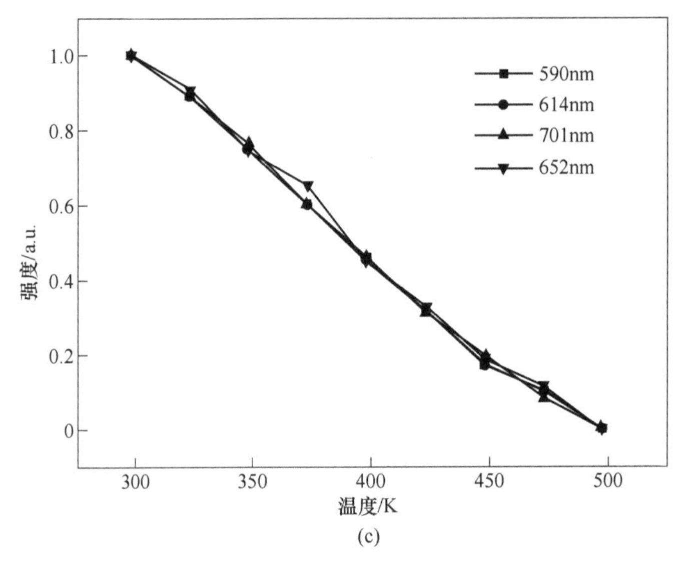

图 5-19 彩图

图 5-19　$Na(La_{0.75}Eu_{0.25})(WO_4)_2$ 荧光粉不同温度下的发射光谱（a）、Eu^{3+}在 614nm 处发射峰相对强度随温度变化的趋势图（b）和发射光谱的相对强度随温度的变化趋势（c）

图 5-19（b）是 $\ln[(I_0/I)-1]$-$\frac{1}{kT}$的线性图，其线性拟合的斜率即为 ΔE，即 $Na(La_{0.75}Eu_{0.25})(WO_4)_2$ 荧光粉的 ΔE 为 0.312eV，高于现有工作报道的 $NaLa(WO_4)_2$ 的 ΔE（0.2789eV）[22]，因此表明本书相关工作合成的 $Na(La_{0.75}Eu_{0.25})(WO_4)_2$ 荧光粉具有较高的热稳定性。从图 5-19（c）中可以观察到不同位置发射峰强度降低的趋势基本相同，表明该荧光粉不能通过荧光强度比模式作为光学测温。

图 5-20 是 $Na(La_{0.75}Eu_{0.25})(WO_4)_2$ 荧光粉在不同测试温度下的色坐标，从图中可以看出其色坐标稳定在红光区且在不同的测试温度下没有明显变化。表 5-1 是 $Na(La_{0.75}Eu_{0.25})(WO_4)_2$ 荧光粉在不同测量温度下的色坐标和色纯度，其中色纯度可根据式（5-6）计算[23]：

$$CP = \frac{\sqrt{(x - x_i)^2 + (y - y_i)^2}}{\sqrt{(x_d - x_i)^2 + (y_d - y_i)^2}} \tag{5-6}$$

式中，(x, y) 为 $Na(La_{0.75}Eu_{0.25})(WO_4)_2$ 样品的色坐标；(x_i, y_i) 为白色光源的色坐标；(x_d, y_d) 为 $Na(La_{0.75}Eu_{0.25})(WO_4)_2$ 样品主发射峰的色坐标。

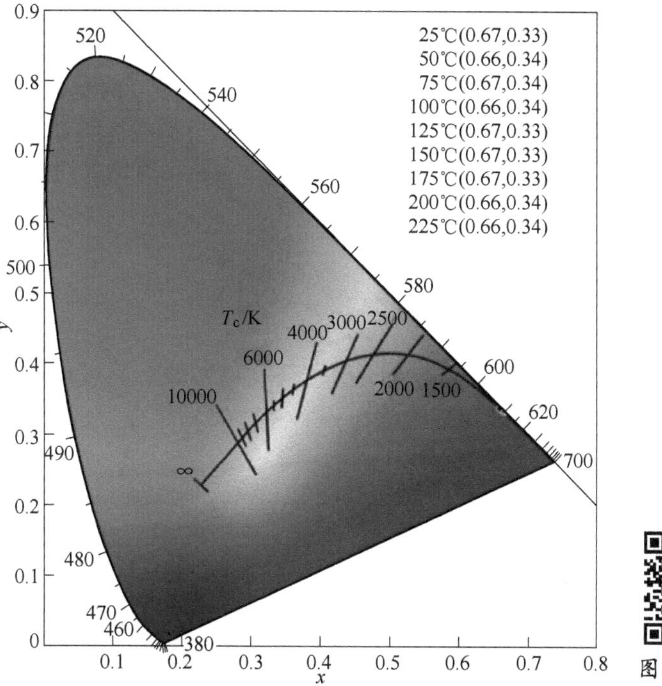

图 5-20 彩图

图 5-20 $Na(La_{0.75}Eu_{0.25})(WO_4)_2$ 荧光粉在不同温度下的 CIE 色坐标

通过公式计算可得 $Na(La_{0.75}Eu_{0.25})(WO_4)_2$ 样品不同温度下的色纯度均超过 95%，该样品不同温度下的色坐标和色纯度均总结在表 5-1 中。

表 5-1 $Na(La_{0.75}Eu_{0.25})(WO_4)_2$ 荧光粉在不同温度时的色坐标（CIE）和色纯度（CP）

T/℃	CIE	CP/%
25	(0.67, 0.33)	98.02
50	(0.66, 0.34)	95.44
75	(0.67, 0.33)	98.02
100	(0.66, 0.34)	95.44
125	(0.67, 0.33)	98.02
150	(0.67, 0.33)	98.02
175	(0.66, 0.34)	95.44
200	(0.66, 0.34)	95.44
225	(0.66, 0.34)	95.44

图 5-21（a）是 $Na(La_{0.75}Eu_{0.25})(WO_4)_2$ 荧光粉在不同温度时的衰减曲线，其衰减时间随着温度的升高逐渐减小，图 5-22 是 $Na(La_{0.75}Eu_{0.25})(WO_4)_2$ 荧光粉

在不同温度时的衰减拟合曲线，通过分析可知 $Na(La_{0.75}Eu_{0.25})(WO_4)_2$ 荧光粉的衰减符合双指数拟合，其拟合结果、相关参数及经计算所得平均衰减时间总结在表 5-2 中。图 5-21（b）是归一化后的衰减时间与温度的关系图，在 298～523K 温度范围内，荧光寿命随温度的升高而降低，并遵循线性关系（$\tau=a+bT$）。利用式（5-7）和式（5-8）可以计算其绝对灵敏度（S_A）和相对灵敏度（S_R）[24]。

$$S_A = \left|\frac{d\tau}{dT}\right| \tag{5-7}$$

$$S_R = \frac{1}{\tau}\left|\frac{d\tau}{dT}\right| \tag{5-8}$$

如图 5-21（c）所示，由绝对灵敏度公式可知绝对灵敏度的计算结果即为拟合直线的斜率，其不同温度下的值为一个常数 $43\times10^{-4}K^{-1}$。在 523K 时获得 S_R 的最大值为 $144\times10^{-4}K^{-1}$。

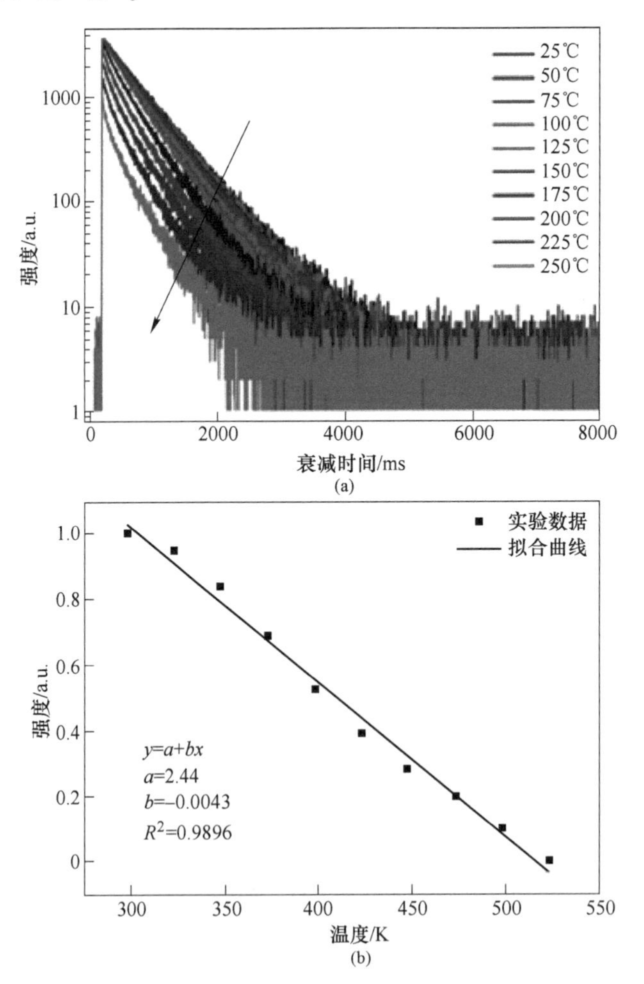

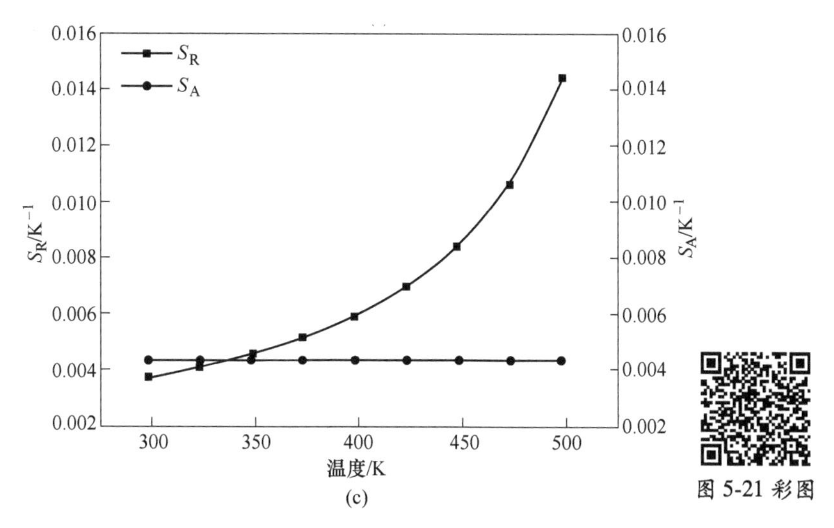

图 5-21 彩图

图 5-21 Na(La$_{0.75}$Eu$_{0.25}$)(WO$_4$)$_2$ 荧光粉在不同温度下 614nm 主发射峰的衰减曲线（a）、不同温度荧光寿命的相对强度与温度的拟合图（b）、Na(La$_{0.75}$Eu$_{0.25}$)(WO$_4$)$_2$ 荧光粉 S_A-T 和 S_R-T 关系图（c）

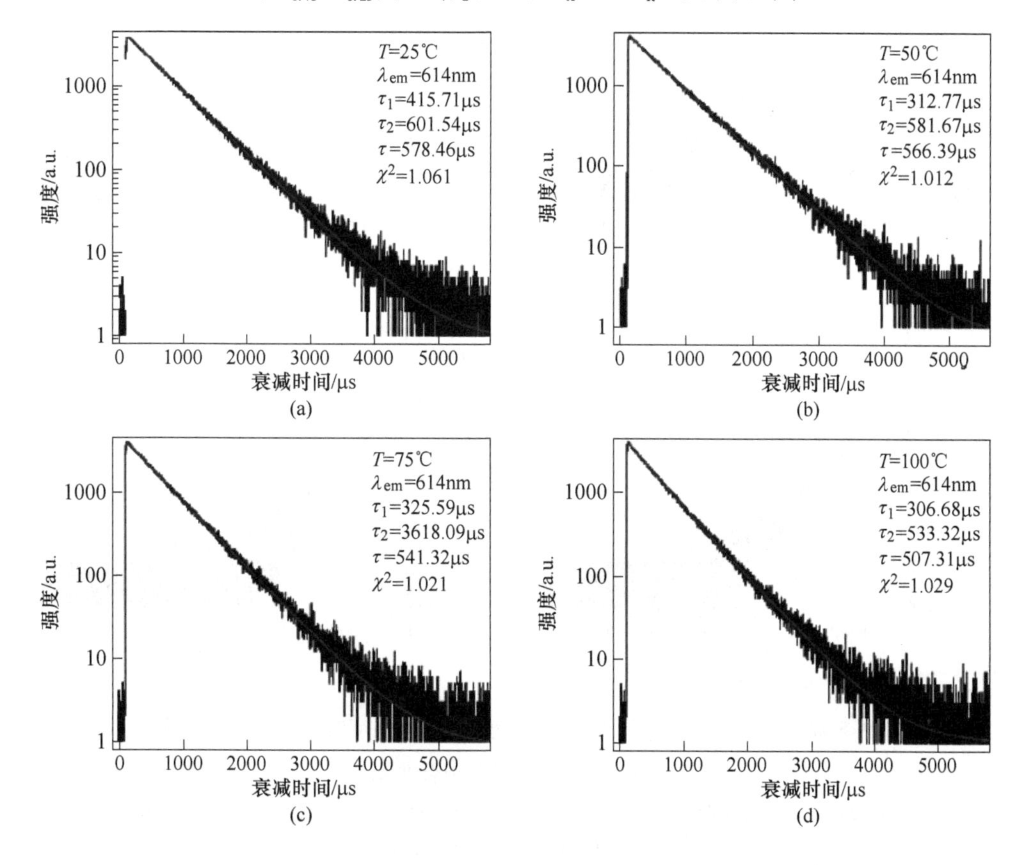

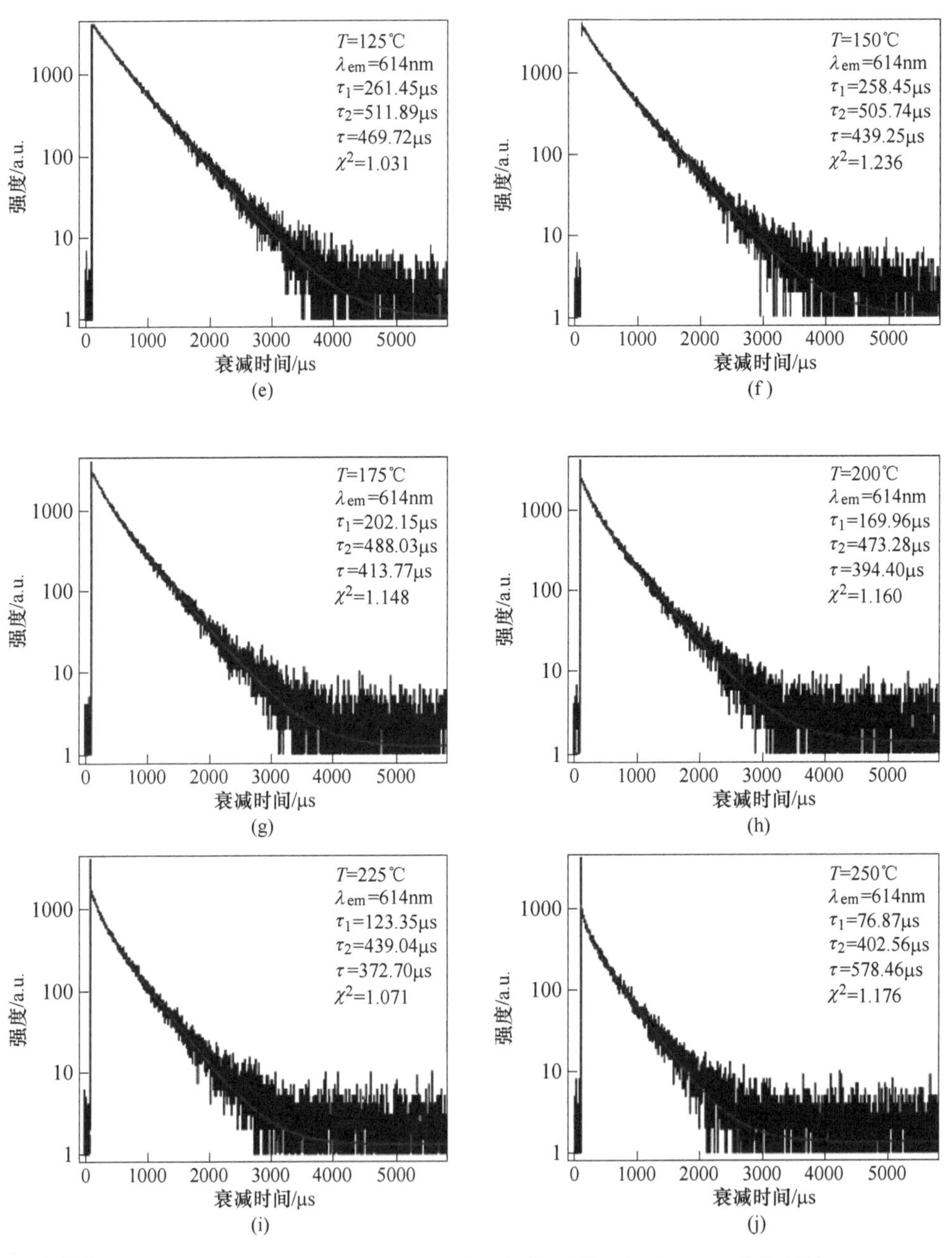

图 5-22　$Na(La_{0.75}Eu_{0.25})(WO_4)_2$ 荧光粉在不同温度时 614nm 主发射峰（$^5D_0 \rightarrow ^7F_2$）的衰减拟合曲线

(a) T=25℃；(b) T=50℃；(c) T=75℃；(d) T=100℃；(e) T=125℃；(f) T=150℃；(g) T=175℃；(h) T=200℃；(i) T=225℃；(j) T=250℃

表 5-2 Na($La_{0.75}Eu_{0.25}$)(WO_4)$_2$ 荧光粉在不同温度时的衰减分析结果

T/℃	λ_{em}/nm	寿命 τ_1/μs	寿命 τ_2/μs	A_1	A_2	χ^2	平均寿命 τ/μs
25	614	415.71	601.54	676.46	3295.78	1.061	578.46
50	614	312.77	581.67	407.59	3637.68	1.012	566.39
75	614	290.65	553.17	325.59	6318.09	1.021	541.32
100	614	306.68	533.32	727.77	3228.75	1.029	507.31
125	614	261.45	511.89	1126.5	2841.78	1.033	469.72
150	614	258.45	505.74	1519.76	2111.79	1.236	439.25
175	614	202.15	488.03	1381.93	1631.18	1.148	413.77
200	614	169.96	473.28	1174.65	1200.19	1.140	394.40
225	614	123.35	439.04	834.81	881.61	1.071	372.70
250	614	76.87	402.56	549.24	543.73	1.176	349.87

5.1.5 本节小结

本节介绍了以稀土氢氧化物（La,RE)(OH)SO_4 化合物作为自牺牲模板成功制备出 Na(La,Eu)(WO_4)$_2$(NLW) 双金属稀土钨酸盐，详细分析了合成 Na(La,Eu)(WO_4)$_2$荧光粉的相转变过程及其发光性能，进一步探讨了 Na($La_{1-x}Eu_x$)(WO_4)$_2$荧光粉的最佳掺杂浓度及浓度淬灭机理，研究了 Na($La_{0.75}Eu_{0.25}$)(WO_4)$_2$荧光粉基于荧光强度比（FIR）和荧光寿命（FL）两种模式下的光学测温性能，主要结论如下：

（1）在不添加任何有机试剂及不需要后续煅烧的条件下，以 (La,Eu)(OH)SO_4为模板和 Na_2(WO_4)$_2$ 为阴离子源（WO_4^{2-} 与 RE^{3+}的摩尔比 $R=5$，pH=6），在 180℃水热反应 24h 或者 200℃水热反应 12h 的条件下获得了 Na(La,Eu)(WO_4)$_2$ 双金属稀土钨酸盐。

（2）通过紫外吸收光谱数据计算出 NaLa(WO_4)$_2$ 及 Na(La,Eu)(WO_4)$_2$ 荧光粉的带隙分别为 4.07eV 和 3.94eV。NLW 的层状结构有效抑制了 Eu^{3+}的浓度淬灭效应，在 Na($La_{1-x}Eu_x$)(WO_4)$_2$ 中，Eu^{3+}获得了高达 25%的最佳掺杂浓度，通过计算稀土离子能量传递的临界距离 R_c 确定其浓度淬灭机理为电多极相互作用。

（3）Na($La_{0.75}Eu_{0.25}$)(WO_4)$_2$ 荧光粉具有良好的热稳定性，其热激活能为 0.312eV，色纯度为 95%，室温下 614nm 处主发射峰荧光寿命为 578.46μs。主发射峰的荧光寿命随着温度的升高逐渐降低，荧光寿命的相对强度与温度遵循线性关系，该荧光粉可基于荧光寿命（FL）模式进行测温，相对灵敏度（S_R）的最大值为 $144\times10^{-4}K^{-1}$(523K)。

5.2 稀土双钼酸盐 $Na(La,RE)(MoO_4)_2(RE=Eu/Yb, Er)$ 荧光粉的合成及荧光测温性能研究

5.2.1 引言

温度的传感和测量对各类科学研究和技术发展至关重要，根据传感器与物体的接触方式，测量方法可分为接触式测温和非接触式测温两类。当空间分辨率降低到微米级别时，接触式测温具有很大的局限性，不能满足纳米医学、微电子和光子学等新兴领域对传感器日益增长的需求。非接触式测温具有快速响应和高空间分辨率的特点，且适用于快速移动的物体，能够在强酸、强磁场、细胞液和恶劣环境中工作。光学测温不受电磁场的影响，可实现精准校准和测温，因此基于发光材料光学性能的测温技术被广泛研究。光学温度传感是一种优异的非接触式温度测量和大规模成像方法。光学测温通过对物体发出的荧光进行光谱和空间分析而实现温度测量，可采用的光学测温模式包括发射强度、发射波长、发射带宽、光谱位移、荧光寿命（FL）和荧光强度比（FIR）等。其中基于荧光粉的荧光强度比（FIR）和荧光寿命（FL）模式进行测温具有较多优点，是研究较为广泛的两种模式。稀土钼酸盐 $NaRE(MoO_4)_2$ 具有良好的热稳定性，是一种具有潜在应用价值的荧光测温用荧光粉。本节以 $RE(OH)SO_4$ 化合物作为自牺牲反应的模板制备 $NaRE(MoO_4)_2$ 荧光粉，并对其上/下转换发光性质、发光热稳定性及光学测温性能进行研究。

5.2.2 稀土双钼酸盐 $Na(La,RE)(MoO_4)_2(RE=Eu/Yb, Er)$ 荧光粉的合成

$NaRE(MoO_4)_2$ 荧光粉的制备步骤如下：将 $RE(OH)SO_4$ 模板分散到 60mL 的 $Na_2(MoO_4)_2$ 溶液中，磁力搅拌 15min 后，用稀硝酸调节 pH 值，然后将悬浮液转移至 100mL 反应釜中，水热反应不同的温度（100～200℃）和时间（0～24h）。反应结束冷却至室温后将样品离心（去离子水 4 次，无水乙醇 1 次），将离心后的粉末样品置于 70℃的烘箱中干燥 24h。

图 5-23 是 $(La,Eu)(OH)SO_4$ 与 Na_2MoO_4 不同条件下反应所得产物的 XRD 图谱，当 $(La,Eu)(OH)SO_4$ 悬浮液中加入钼酸钠溶液后，悬浮液的 pH 值约为 9，因此图中标记 pH≈9 的 XRD 图谱为未对体系 pH 值进行调节时模板与钼酸钠反应后所得产物的 X 射线衍射结果。从图 5-23 中可以看出未对体系 pH 值进行调节时所得产物的大部分衍射峰仍与模板的衍射峰对应，说明未生成目标产物。借鉴上一节双金属稀土钨酸盐的合成过程，本节也对体系的 pH 值进行调节，发现当将悬浮液 pH 值调节为 6 时，所得产物的衍射峰与 $Na(La,Eu)(MoO_4)_2$ 的纯相与标准卡片（JCPDS No. 01-079-2243）吻合良好，说明获得了纯相产物；但继续将悬浮液 pH 值调节至 4 时，产物的衍射峰中出现了未知相的杂质峰（图中 * 标

记)。综上可知，以 (La,Eu)(OH)SO_4 为模板合成稀土钼酸盐时也需要调节体系的 pH 值，其最佳的 pH 值为 6。

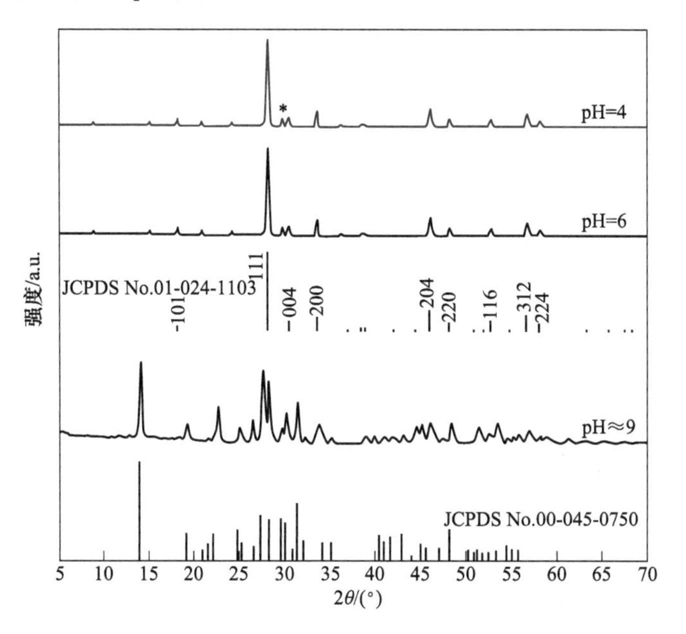

图 5-23 (La,Eu)(OH)SO_4 模板加入 Na_2MoO_4 在不同 pH 条件下反应所得产物的 XRD 图谱
(反应温度及时间分别为 200℃、24h，标卡分别为 La(OH)SO_4：JCPDS No. 00-045-0750 和 $NaLa(MoO_4)_2$：JCPDS No. 01-024-1103)

图 5-24 (a) 是 ($La_{0.75}Eu_{0.25}$)(OH)SO_4 模板的微观形貌图，从图中可以看

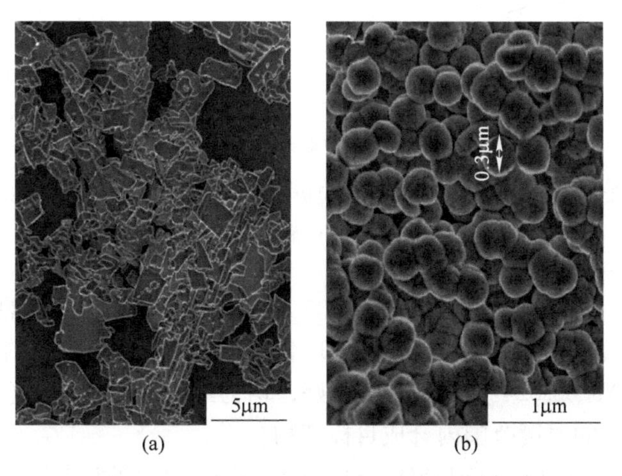

图 5-24 ($La_{0.75}Eu_{0.25}$)(OH)SO_4 模板 (a) 和 $Na(La_{0.75}Eu_{0.25})(MoO_4)_2$ 荧光粉 (b) 的扫描电子显微镜图

出模板为板片状，形状不规则，有团聚现象。图 5-24（b）是 pH 值为 6 时所得 $Na(La_{0.75}Eu_{0.25})(MoO_4)_2$ 的微观形貌，从图中可以看出产物呈现出与模板完全不同的微观形貌，可以观察到颗粒具有均匀的球形形貌，粒径约为 300~400nm，但同样略有团聚。

图 5-25（a）是 $(La_{0.75}Eu_{0.25})(OH)SO_4$ 模板的红外光谱图，图中 ν_3、ν_1 和 ν_4 代表 SO_4^{2-} 的振动，在 3498cm^{-1} 对应着 OH^- 的振动，上述振动基团刚好对应 $(La_{0.75}Eu_{0.25})(OH)SO_4$ 的化学式。图 5-25（b）是产物 $Na(La_{0.95}Eu_{0.05})(MoO_4)_2$ 荧光粉（$R=5$，200℃ 水热反应 24h）的红外光谱图，在 709cm^{-1}、800cm^{-1} 和 911cm^{-1} 处有较强的三重峰，其可以归因于［WO_4^{2-}］基团的不对称伸缩振动。据图 5-25，可明显看出产物 $Na(La_{0.75}Eu_{0.25})(MoO_4)_2$ 中没有出现 $(La_{0.75}Eu_{0.25})(OH)SO_4$ 模板中 SO_4^{2-} 和 OH^- 对应的振动峰，表明 $(La_{0.75}Eu_{0.25})(OH)SO_4$ 模板到 $Na(La_{0.75}Eu_{0.25})(MoO_4)_2$ 化合物的相转变已经完成且产物 $Na(La_{0.75}Eu_{0.25})(MoO_4)_2$ 具有较高的相纯度。

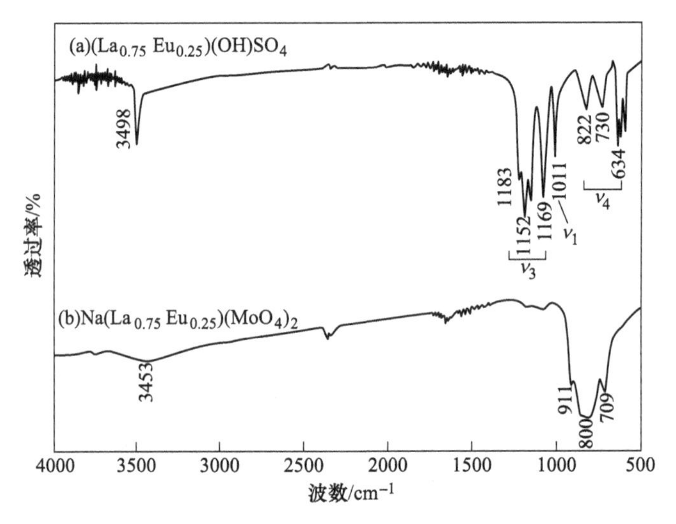

图 5-25　$(La_{0.75}Eu_{0.25})(OH)SO_4$ 模板（a）和 $Na(La_{0.75}Eu_{0.25})(MoO_4)_2$ 荧光粉（b）的红外光谱

图 5-26 是 $(La,Eu)(OH)SO_4$ 模板与 Na_2MoO_4 在不同温度水热反应 24h 的产物的 XRD 图谱，从图中可以看出在 100~200℃ 温度范围内合成的产物均与标准卡片（JCPDS No. 00-024-1103）吻合良好，均为纯相 $Na(La,Eu)(MoO_4)_2$，说明可以在较为宽泛的温度范围内合成目标产物。

图 5-27 是 $(La,Eu)(OH)SO_4$ 模板与 Na_2MoO_4 在 200℃ 水热反应不同时间所得产物的 XRD 图谱。其中 0h 是 $(La,Eu)(OH)SO_4$ 模板与 Na_2MoO_4 在室温时搅拌 30min 后离心干燥所得产物，其主相衍射峰与 $La(OH)SO_4$ 模板一致，表明该

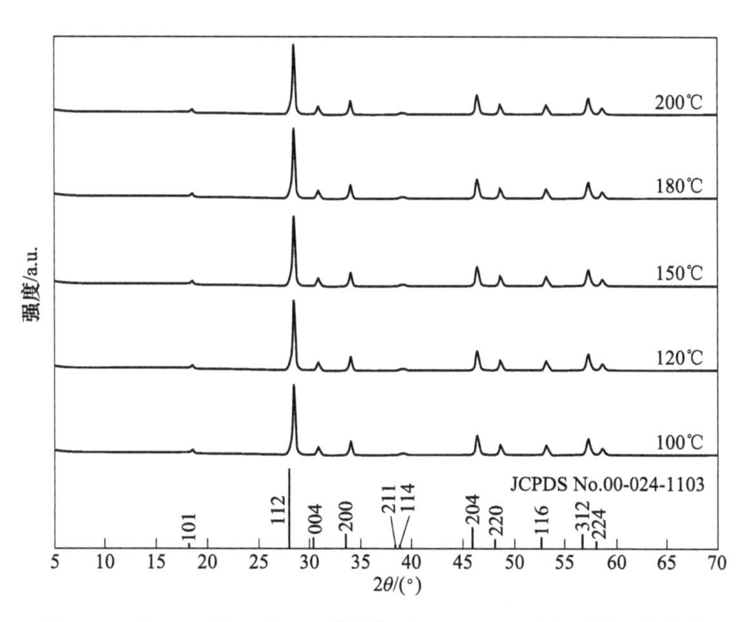

图 5-26 (La,Eu)(OH)SO_4 模板加入 Na_2MoO_4 后在不同温度水热反应 24h(pH=6) 的产物的 XRD 图谱

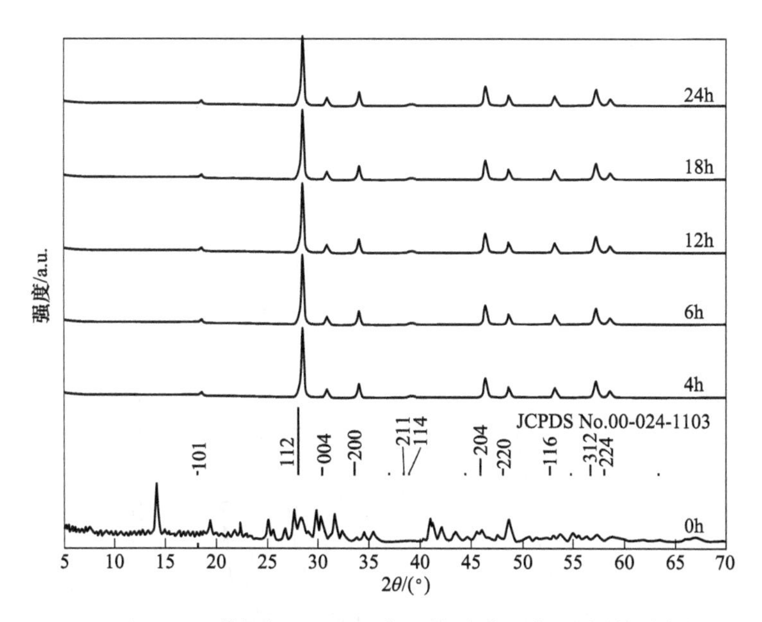

图 5-27 (La,Eu)(OH)SO_4 模板与 Na_2MoO_4 在 200℃水热反应不同时间的产物的 XRD 图谱

反应条件下无法获得 $NaLa(MoO_4)_2$。继续延长反应时间，当 200℃ 水热反应 4h 时获得了 $NaLa(MoO_4)_2$ 纯相，产物衍射峰与标准卡片（JCPDS No. 00-024-1103）

吻合。因此在200℃水热条件下反应4～24h均可以获得$NaLa(MoO_4)_2$化合物。

5.2.3 稀土双钼酸盐$Na(La,RE)(MoO_4)_2(RE=Eu/Yb, Er)$荧光粉的光致发光性能

图5-28是$Na(La_{0.75}Eu_{0.25})(MoO_4)_2$荧光粉的激发和发射光谱。稀土双钼酸盐具有与相应的双钨酸盐类似的晶体结构（见图5-29），因此本节未对Eu^{3+}在晶格中的最佳浓度进行研究，选取上节在双钨酸盐中获得的最佳掺杂浓度25%对

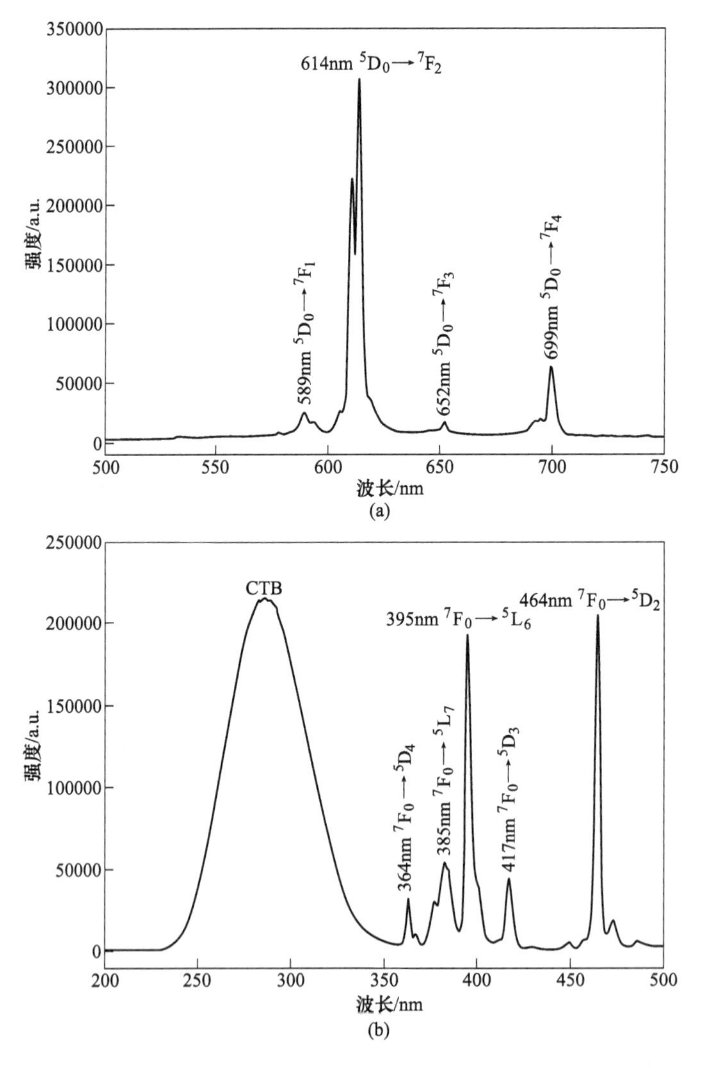

图5-28 $Na(La_{0.75}Eu_{0.25})(MoO_4)_2$荧光粉的发射（a）和激发（b）光谱

（监控发射波长为614nm，激发波长为395nm）

$NaLa(MoO_4)_2$ 进行掺杂。从图 5-28（b）中可以看出激发光谱由 200~350nm 之间的宽带和 350~500nm 之间的尖峰组成，宽带可以归因于 Mo—O 和 Eu—O 之间的电荷跃迁带（CTB）。在 364nm、385nm、395nm、417nm 和 464nm 处的尖锐激发峰分别归因于 Eu^{3+} 的 $^7F_0 \to {}^5D_4$、$^7F_0 \to {}^5L_7$、$^7F_0 \to {}^5L_6$、$^7F_0 \to {}^5D_3$ 和 $^7F_0 \to {}^5D_2$ 跃迁。由图 5-28（a）在 395nm 激发下所得的发射光谱可以看出，在 589nm、614nm、652nm 和 699nm 处出现了尖锐的发射峰，分别归因于 Eu^{3+} 的 $^5D_0 \to {}^7F_j$（$j=1\sim4$）跃迁。其中最强发射位于 614nm 处，其原因为 Eu^{3+} 置换了 La^{3+}，在晶格中占据低对称性格位，电偶极跃迁 $^5D_0 \to {}^7F_2$ 受 Eu^{3+} 周围晶体场环境的影响强烈。$NaLa(MoO_4)_2$ 的晶体结构如图 5-29 所示。

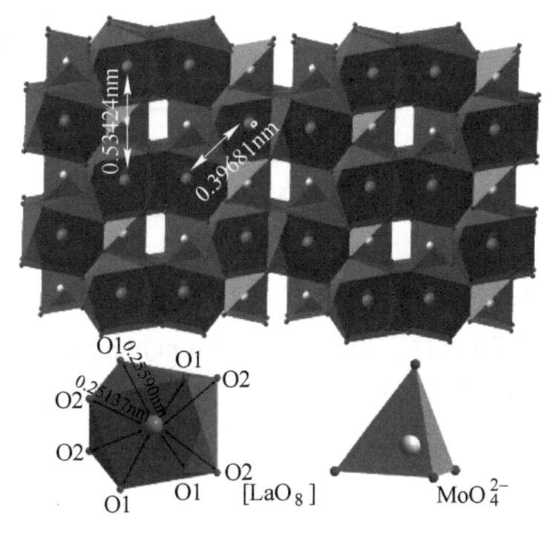

图 5-29 $NaLa(MoO_4)_2$ 的晶体结构图

图 5-29 彩图

图 5-30 是 $Na(La_{0.75}Eu_{0.25})(MoO_4)_2$ 荧光粉 614nm 主发射峰的衰减曲线，通过数据处理，衰减曲线符合单指数拟合公式[25]：

$$I = A_1 \exp(-t/\tau) \tag{5-9}$$

式中，I 为 PL 光谱强度；A_1 为常数；t 为时间；τ 为衰减时间。经计算，衰减时间为 539.31μs。

5.2.4 $Na(La,Eu)(MoO_4)_2$ 荧光粉基于荧光寿命的测温方法

图 5-31（a）为 $Na(La,Eu)(MoO_4)_2$ 荧光粉不同温度（室温至 225℃）下的发射光谱，在 395nm 激发下，获得了激活剂 Eu^{3+} 的特征发射峰 $^5D_0 \to {}^7F_j$（$j=1\sim4$）。从图 5-31（a）中可以看出电偶极跃迁 $^5D_0 \to {}^7F_2$（614nm）的强度高于磁偶极跃迁 $^5D_0 \to {}^7F_1$（590nm），因此 Eu^{3+} 占据 $NaLa(MoO_4)_2$（四方晶系）的低对称性格位。在较高的测试温度下并未观察到新的发射峰，且发射峰的位置未出现偏移。此外随着温度的升高，发射峰的强度逐渐降低，且 $Na(La,Eu)(MoO_4)_2$ 荧

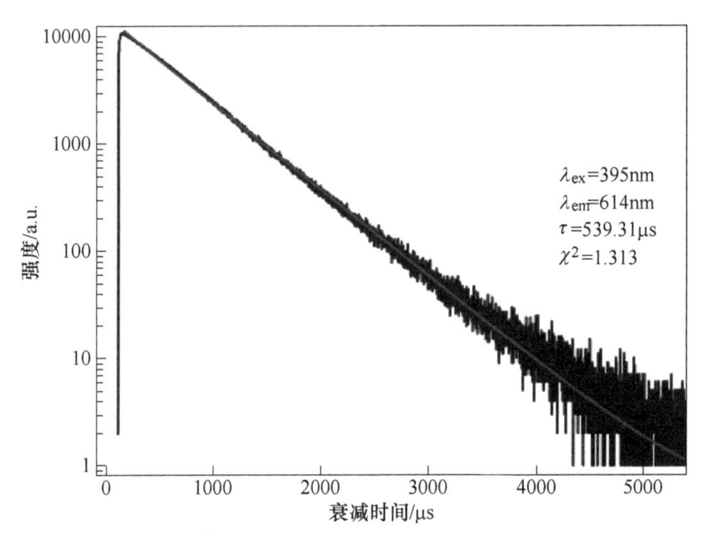

图 5-30　$Na(La_{0.75}Eu_{0.25})(MoO_4)_2$ 荧光粉 614nm($^5D_0 \to ^7F_2$) 主发射峰的衰减曲线

光粉的 CIE 色坐标随着温度的升高从（0.62，0.35）移动到（0.52，0.40）。如图 5-31（b）所示，在 100℃时主发射峰（614nm）的强度为初始值的 55%，且随着温度的升高，4 种发射峰强度的下降趋势相同，因此表明 $Na(La,Eu)(MoO_4)_2$ 下转换荧光粉不能通过荧光强度比（FIR）模式进行光学测温。热猝灭活化能（ΔE）可由阿伦尼乌斯公式即式（5-5）计算[26-27]。

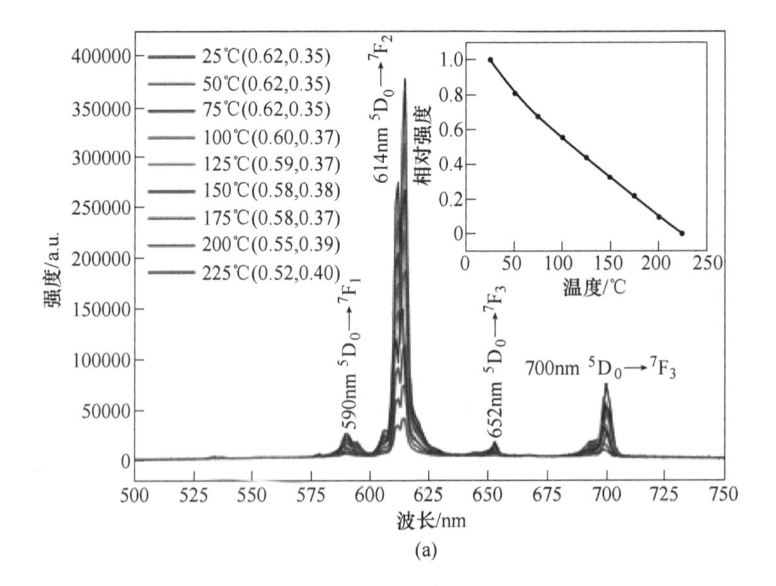

(a)

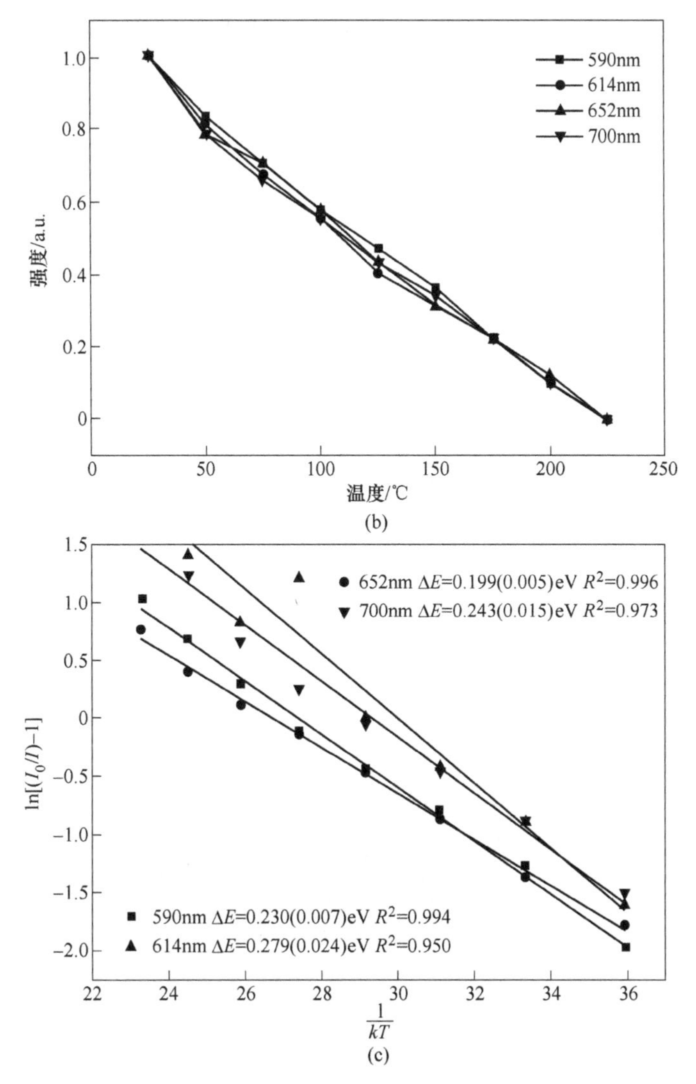

图 5-31 彩图

图 5-31 $Na(La_{0.75}Eu_{0.25})(MoO_4)_2$ 荧光粉不同温度下的发射光谱图（a）、发射光谱的相对强度随温度的变化趋势（b）和 $\ln[(I_0/I)-1]$-$\frac{1}{kT}$的关系图（c）

图 5-31（c）是由阿伦尼乌斯公式转换后的 $\ln[(I_0/I)-1]$-$\frac{1}{kT}$图，数据线性拟合后得到 590nm、614nm、652nm 和 700nm 的 ΔE 值分别为 0.230eV、0.279eV、0.199eV 和 0.243eV。

图 5-32（a）是 $Na(La_{0.75}Eu_{0.25})(MoO_4)_2$ 荧光粉不同温度下主发射峰衰减曲

线，表 5-3 为不同温度下衰减曲线拟合后的相关参数及结果，在 25～250℃ 的温度范围内，所得平均寿命从 484.21μs 下降到 316.48μs。图 5-32（b）是 $1/\tau$ 和 $1/T$ 的关系图，荧光寿命与温度的关系可以通过 Mott-Seitz 公式[28-29]计算：

$$\frac{\tau_0}{\tau(T)} = 1 + B\exp\left(-\frac{\Delta E}{k_B T}\right) \tag{5-10}$$

式中，$\tau(T)$ 为给定温度下的衰减时间；τ_0 为 293K 时的衰减时间；B 为与非辐射跃迁相关的拟合参数；ΔE 为热激活能；k_B 为玻耳兹曼常数；T 为热力学温度。因此可以推算得到如下公式：

$$\frac{1}{\tau(T)} = C + D\exp\left(-\frac{F}{T}\right) \tag{5-11}$$

式中，C、D、F 是和 B、ΔE 相关的参数，式（5-11）与图 5-32（b）中的拟合公式一致，其中 C 为 0，D 为 0.3216，F 为 3005.76。绝对灵敏度（S_A）和相对灵敏度（S_R）按式（5-7）和式（5-8）进行计算。

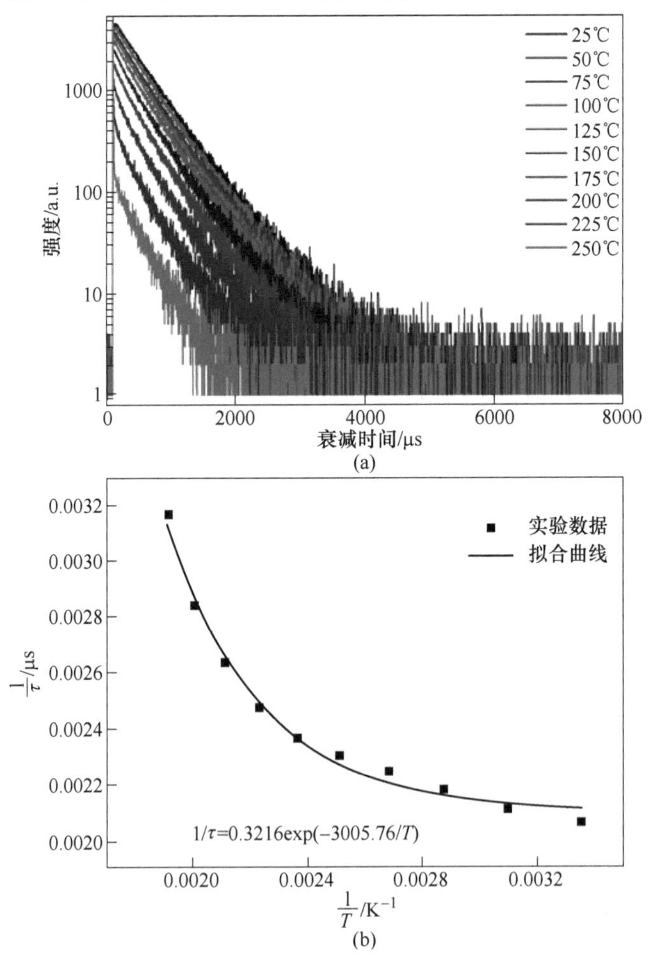

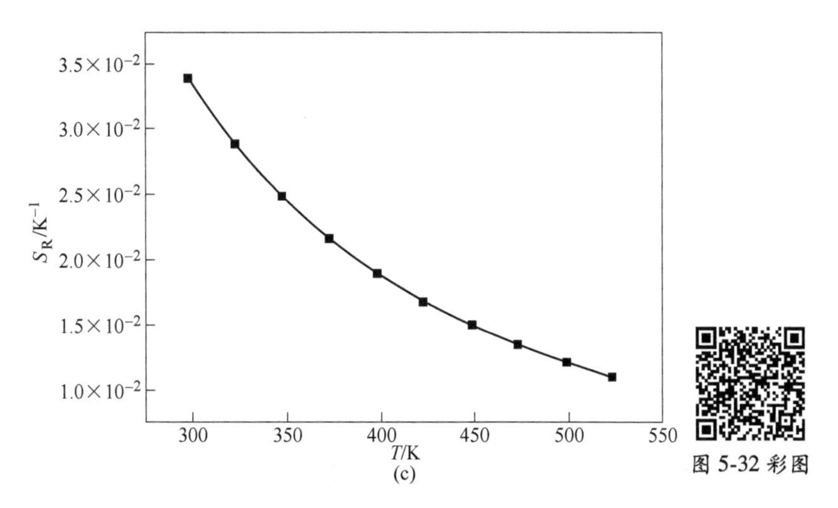

图 5-32 $Na(La_{0.75}Eu_{0.25})(MoO_4)_2$ 荧光粉不同温度下在 614nm 主发射峰的衰减曲线（a）、荧光寿命倒数和 1/*T* 的拟合曲线（b）、$Na(La_{0.75}Eu_{0.25})(MoO_4)_2$ 荧光粉 S_R-*T* 关系图（c）

表 5-3 $Na(La,Eu)(MoO_4)_2$ 荧光粉的荧光寿命分析结果

温度/℃	λ_{em}/nm	寿命 τ_1/μs	A_1	χ^2
室温	614	484.21	12.53	1.341
50	614	472.21	12.10	1.235
75	614	458.12	11.50	1.269
100	614	444.88	11.17	1.305
125	614	433.75	10.57	1.332
150	614	422.05	9.56	1.387
175	614	403.48	8.28	1.276
200	614	379.45	6.58	1.559
225	614	351.76	4.72	1.427
250	614	316.48	2.89	1.430

如图 5-32（c）所示，S_R的最大值为 $3.38\times10^{-2}K^{-1}$（298K）。与其他体系中基于荧光寿命模式进行测温的相对灵敏度（S_R）的最大值做对比，S_R的最大值高于类似钨酸盐体系和其他体系[29-34]，如表 5-4 所示。基于荧光寿命（FL）模式测温的温度转变关系只与寿命有关，不受激发光光源、热耦合能级、探针浓度、大小和形状等条件影响。与荧光强度比（FIR）模式相比，FL 模式具有精确度高、信噪比低等优点，在温度淬灭较为严重时也可以得到准确的信号值。

表 5-4 不同荧光粉基于 FL 测温模式的 S_R 值和温度敏感范围的总结

离子对	晶格	温度范围/K	S_A/K^{-1}	S_R/K^{-1}	参考文献
Eu^{2+}-Cr^{3+}	$Ba_{0.97}Al_{11.97}O_{19}$	293~563	—	46.6×10^{-4}	[29]
Pr^{3+}-Dy^{3+}	La_2MgTiO_6	298~548	2.85×10^{-4}	181×10^{-4}	[31]
Mn^{4+}-Sm^{3+}	$CaGdMgSbO_6$	298~573	32×10^{-4}	123×10^{-4}	[32]
Cr^{3+}-Tb^{3+}	$LiAl_5O_8/LuPO_4$	300~600	257×10^{-4}	80×10^{-4}	[33]
Mn^{4+}-Dy^{3+}	$BaLaMgNbO_6$	230~470	51×10^{-4}	243×10^{-4}	[34]
Sm^{3+}	Lu_2MoO_6	298~473	—	112×10^{-4}	[30]
Eu^{3+}	$NaLa(MoO_4)_2$	298~523	—	338×10^{-4}	本书

5.2.5 Na(La,Yb,Er)$(MoO_4)_2$ 荧光粉基于荧光强度比的测温方法

以 Yb^{3+} 为敏化剂、Er^{3+} 为激活剂，采用自牺牲模板法制备稀土双钼酸盐上转换发光材料。获得 (La,Yb,Er)(OH)SO_4 模板后，采用上文探索的反应条件制备 Na(La,Yb,Er)$(MoO_4)_2$，然而发现同样反应条件下无法获得 Na(La,Yb,Er)$(MoO_4)_2$，XRD 结果如图 5-33 所示。从图 5-33 中可以看出在与上文下转换荧光粉类似的合成条件下，即 pH 值为 6 时，所得产物中除 Na(La,Yb,Er)$(MoO_4)_2$ 外还存在杂质峰。当调节悬浮液的 pH=5 时才可以获得 Na(La,Yb,Er)$(MoO_4)_2$ 纯相，与标

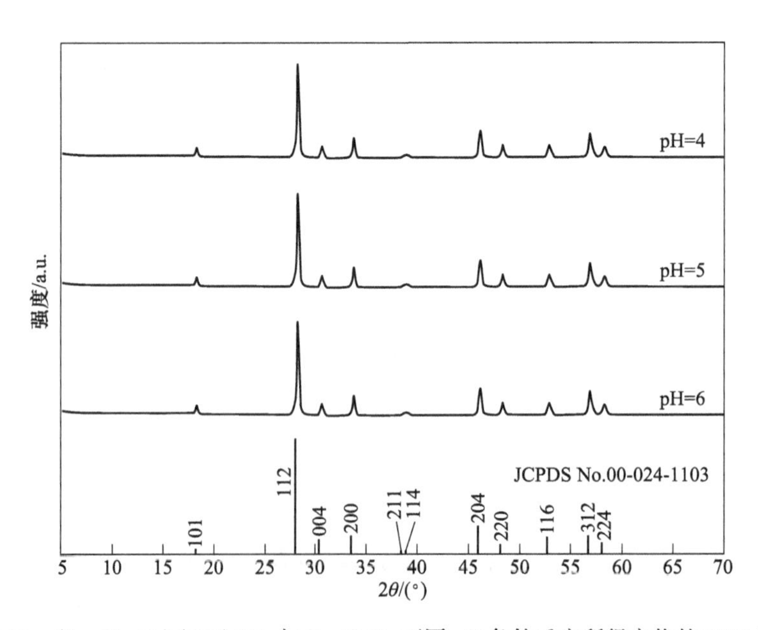

图 5-33 (La,Yb,Er)(OH)SO_4 与 Na_2MoO_4 不同 pH 条件反应所得产物的 XRD 图谱

准卡片（JCPDS No. 00-024-1103）吻合。产生该种现象的原因可能是 Yb^{3+} 及 Er^{3+} 的离子半径与 La^{3+}（r=0.1160nm，CN=8）及 Eu^{3+}（r=0.1066nm，CN=8）的离子半径相差大（见表 5-5）。La^{3+} 为稀土中同配位数情况下离子半径最大的离子，而 Yb^{3+} 及 Er^{3+} 为稀土中与离子半径最小的 Lu^{3+} 半径相近的离子，虽然与基质 La^{3+} 的半径差值均不大于 15%，可形成良好的固溶体，但受镧系收缩规律影响，Yb^{3+} 及 Er^{3+} 在溶液中的水解行为与 La^{3+} 有较大的差别，而导致同基质中不同掺杂离子的合成条件存在较大差别。

表 5-5　不同离子的配位数和离子半径

离子	配位数 CN	离子半径/nm
La^{3+}	8	0.1160
Eu^{3+}	8	0.1066
Yb^{3+}	8	0.0985
Er^{3+}	8	0.1004

图 5-34（a）是在 978nm 激发下，$Na(La_{0.88}Yb_{0.1}Er_{0.02})(MoO_4)_2$ 荧光粉在 0.6~1.5W 范围内的上转换发射光谱。尖锐和劈裂的发射峰归因于 Er^{3+} 的 $^2H_{11/2}\rightarrow{}^4I_{15/2}$（520nm、524nm 和 529nm）、$^4S_{3/2}\rightarrow{}^4I_{15/2}$（543nm 和 551nm）和 $^4F_{9/2}\rightarrow{}^4I_{15/2}$（656nm和 669nm）跃迁。不同功率下，$Na(La_{0.88}Yb_{0.1}Er_{0.02})(MoO_4)_2$ 荧光粉的 CIE 色坐标从（0.22，0.75）移动到（0.21，0.76）。通过 $\log I_{em}$-$\log P$ 函数的斜率确定电子从基态到激发态所需光子的个数（n），如图 5-34（b）所示，斜率为 2.50~2.77，表明 $Na(La_{0.88}Yb_{0.1}Er_{0.02})(MoO_4)_2$ 荧光粉的发光为三光子过程。

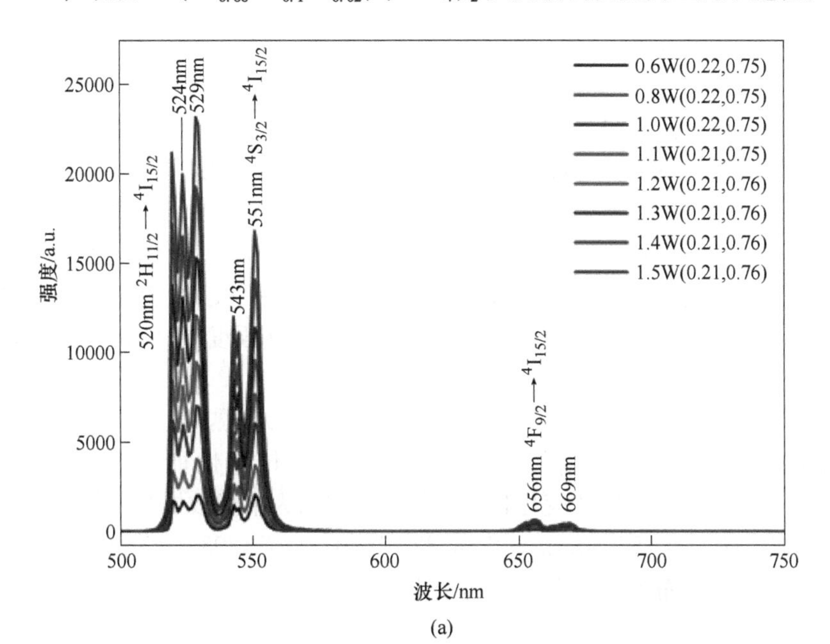

(a)

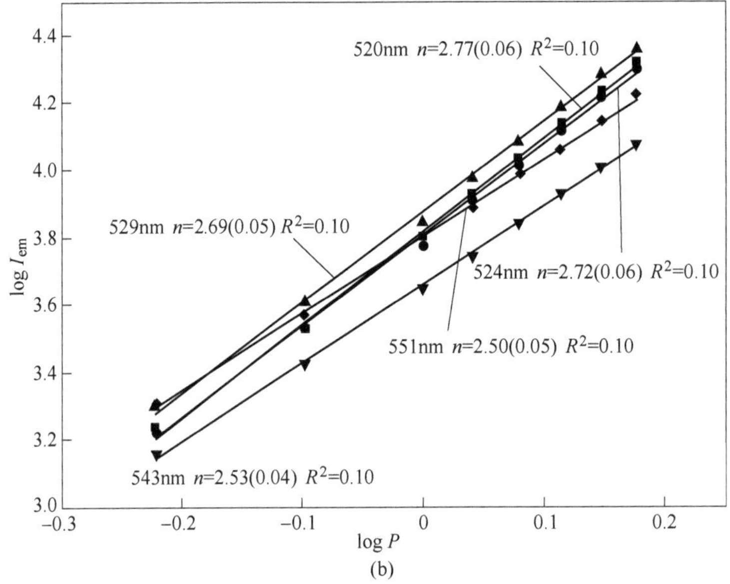

图 5-34 彩图

图 5-34　$Na(La_{0.88}Yb_{0.1}Er_{0.02})(MoO_4)_2$ 荧光粉不同功率激发下的上转化发射光谱（a）及 $Na(La_{0.88}Yb_{0.1}Er_{0.02})(MoO_4)_2$ 荧光粉的上转换发光机制（b）

图 5-35（a）是不同温度（室温至 250℃）下的 $Na(La_{0.88}Yb_{0.1}Er_{0.02})(MoO_4)_2$ 荧光粉上转换光谱，在较高的温度下未出现新的发射峰且峰的位置没有发生偏移。随着温度的升高，CIE 色坐标从（0.22，075）移动到（0.18，0.77）。从图 5-35（b）中可以看出，绿光区的 $^2H_{11/2}\rightarrow{}^4I_{15/2}$（520nm、524nm 和 529nm）发射峰的强度随着温度的升高呈现出先增加后降低的趋势，在 398K 时达到最大值；然而在绿光区的 $^4S_{3/2}\rightarrow{}^4I_{15/2}$（543nm 和 551nm）发射峰的强度在温度开始升高时就开始下降，发生该种现象的原因是在较高温度下晶格振动增强导致非辐射弛豫增强[35]。从图 5-35（b）中还可以看出随着温度的升高，$Na(La_{0.88}Yb_{0.1}Er_{0.02})(MoO_4)_2$ 的 $^2H_{11/2}\rightarrow{}^4I_{15/2}$ 和 $^4S_{3/2}\rightarrow{}^4I_{15/2}$ 的变化趋势不同，表明 $Na(La_{0.88}Yb_{0.1}Er_{0.02})(MoO_4)_2$ 荧光粉可以基于荧光强度比（FIR）模式进行荧光测温。

图 5-35（c）中选择了 $^2H_{11/2}$ 和 $^4S_{3/2}$ 为热耦合能级，验证 $Na(La_{0.88}Yb_{0.1}Er_{0.02})(MoO_4)_2$ 荧光粉是否具有温度传感性能。图 5-35（c）是 I_{520}/I_{551} 荧光强度比与温度的变化趋势，其拟合结果为单指数拟合，符合的拟合方程为 $FIR(I_{520}/I_{552})=155.80\exp(-1784.82/T)+0.33(T=298\sim523K)$。上述拟合公式符合玻耳兹曼分布[36-37]，其可以表示为

$$\mathrm{FIR} = N\exp\left(-\frac{\Delta E}{kT}\right) + C \tag{5-12}$$

式中，N 为比例常数；ΔE 为$^2H_{11/2}$ 和$^4S_{3/2}$之间的能级差；k 为玻耳兹曼常数（8.617×10^{-5} eV）；T 为绝对温度；C 为常数。表明 $Na(La_{0.88}Yb_{0.1}Er_{0.02})(MoO_4)_2$ 荧光粉可以用作 FIR 模式温度传感的发光温度计。

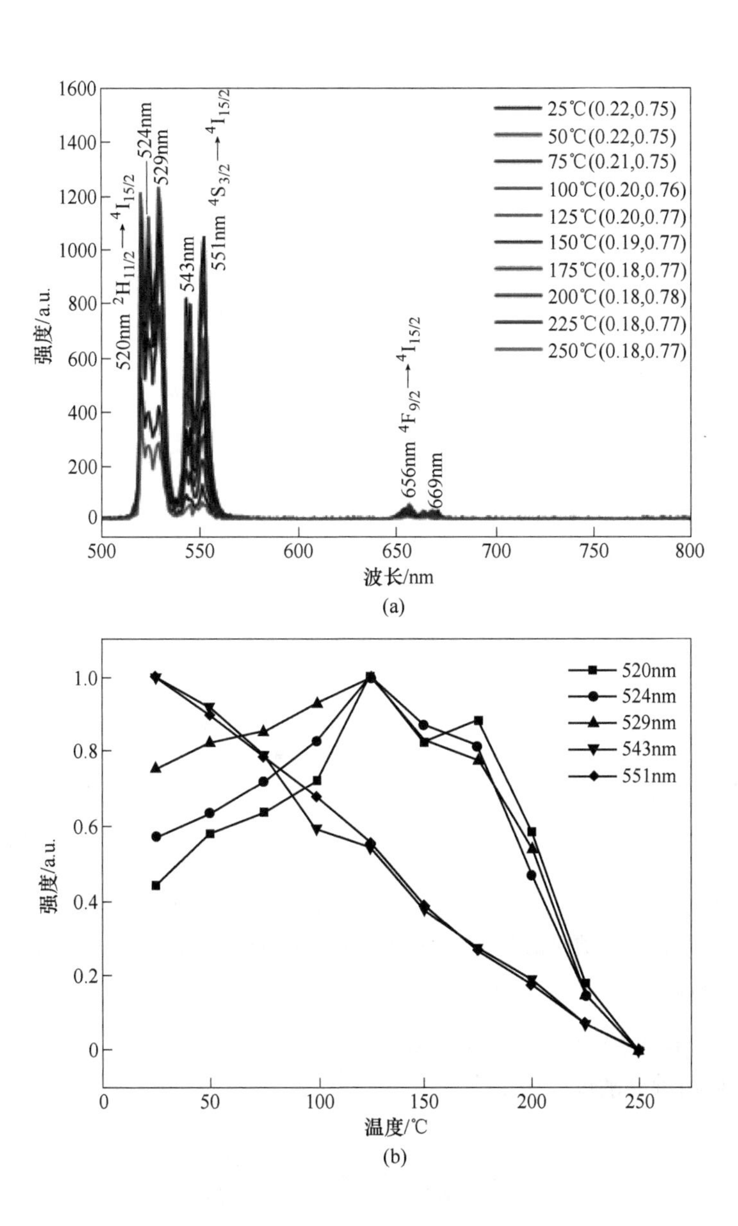

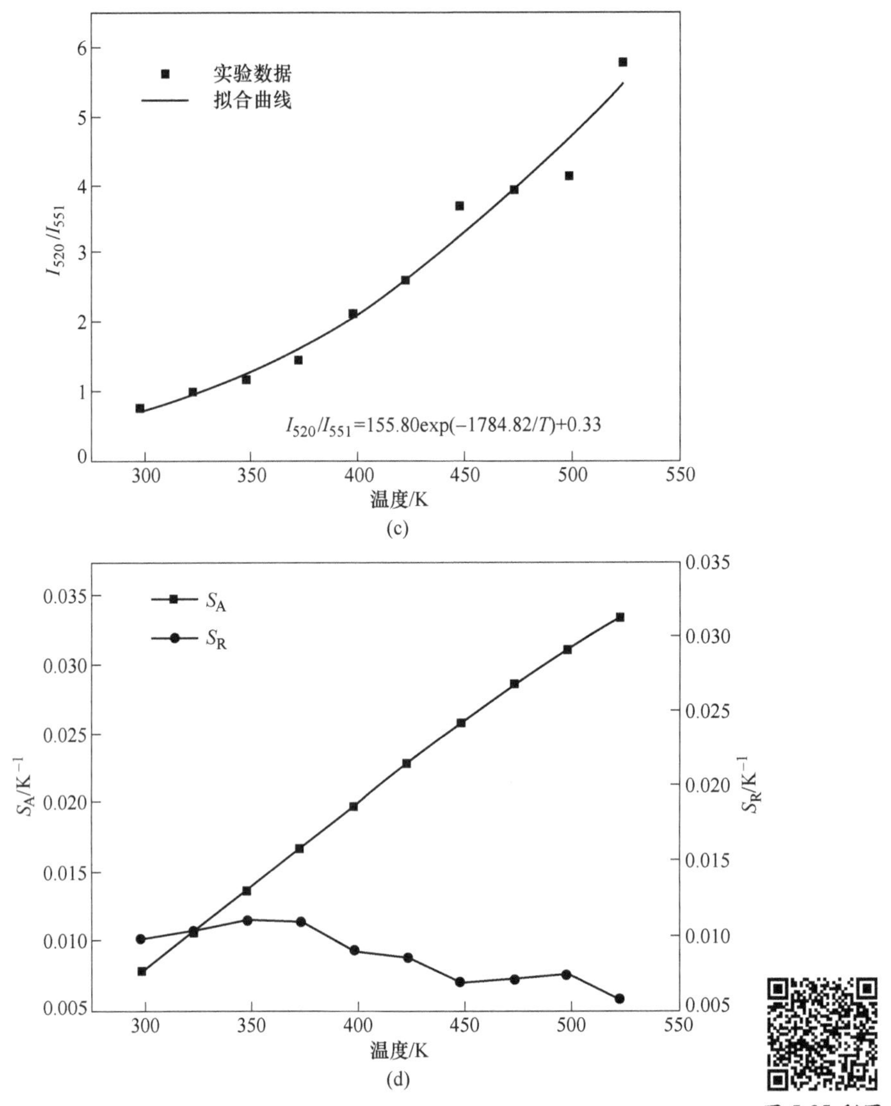

图 5-35 彩图

图 5-35　$Na(La_{0.88}Yb_{0.1}Er_{0.02})(MoO_4)_2$ 荧光粉不同温度下的发射光谱（a）、发射光谱相对强度随温度的变化图（b）、$Na(La_{0.88}Yb_{0.1}Er_{0.02})(MoO_4)_2$ 荧光粉的 FIR（I_{520}/I_{551}）（c）和 S_A 与 S_R 随温度变化的函数关系（d）

为了评估温度传感器的性能，从式（5-13）和式（5-14）得出了绝对灵敏度（S_A）和相对灵敏度（S_R）[36-37]：

$$S_A = \left|\frac{\mathrm{dFIR}}{\mathrm{d}T}\right| = (\mathrm{FIR} - C)\frac{\Delta E}{kT^2} \tag{5-13}$$

$$S_R = \left| \frac{\mathrm{dFIR}}{\mathrm{d}T} \frac{1}{\mathrm{FIR}} \right| = \frac{\mathrm{FIR} - C}{\mathrm{FIR}} \frac{\Delta E}{kT^2} \tag{5-14}$$

从图 5-35（d）可知 S_A 和 S_R 的最大值分别为 $335\times10^{-4}K^{-1}$(523K) 和 $115\times10^{-4}K^{-1}$（348K），其中 S_A 的最大值高于类似钼酸盐体系并且远高于其他体系[38-46]，如表 5-6 所示。

表 5-6 不同荧光粉基于 FIR 测温模式的 S_A、S_R 值和温度敏感范围的总结

离子对	晶格	温度范围/K	S_A/K^{-1}	S_R/K^{-1}	参考文献
$Yb^{3+}-Er^{3+}$	$SrMoO_4$	298~573	151×10^{-4}(500K)	112×10^{-4}(298K)	[38]
$Yb^{3+}-Er^{3+}$	$Y_2Mo_4O_{15}$	298~486	84.3×10^{-4}(483K)	—	[39]
$Yb^{3+}-Er^{3+}$	$YMoO_4$	308~583	137×10^{-4}(308K)	—	[40]
$Yb^{3+}-Er^{3+}$	$BaLa_2(MoO_4)_4$	305~475	—	105×10^{-4}(305K)	[41]
$Yb^{3+}-Er^{3+}$	$La_2(MoO_4)_3$	300~500	91×10^{-4}(364K)	74×10^{-4}(303K)	[42]
$Yb^{3+}-Er^{3+}$	$NaGd(WO_4)_2$	300~550	174×10^{-4}(548K)	80×10^{-4}(373K)	[43]
$Yb^{3+}-Er^{3+}$	$KBaY(MoO_4)_3$	250~460	130.6×10^{-4}(420K)	180×10^{-4}(250K)	[44]
$Yb^{3+}-Er^{3+}$	$CaMoO_4$	300~760	72.1×10^{-4}(535K)	—	[45]
$Yb^{3+}-Er^{3+}$	$Gd_2Mo_3O_9$	300~480	105.7×10^{-4}(450K)	—	[46]
$Yb^{3+}-Er^{3+}$	$NaLa(MoO_4)_2$	298~550	335×10^{-4}(523K)	115×10^{-4}(348K)	本书

图 5-36（a）是不同温度（室温至 275℃）下 $Na(La_{0.08}Yb_{0.1}Er_{0.02})(MoO_4)_2$ 荧光粉在 551nm 处发射峰的荧光衰减曲线，其结果符合双指数拟合，拟合结果

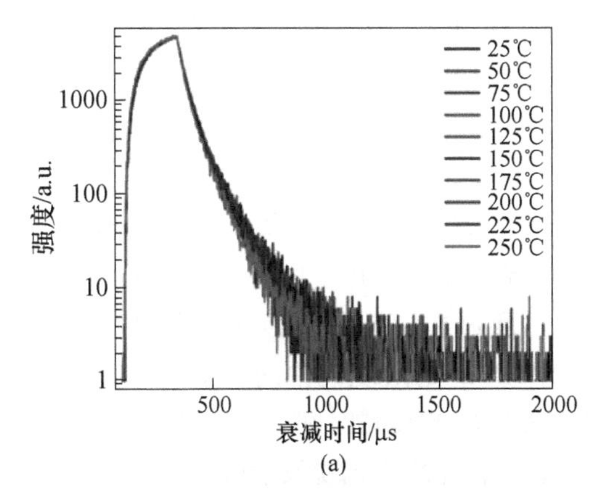

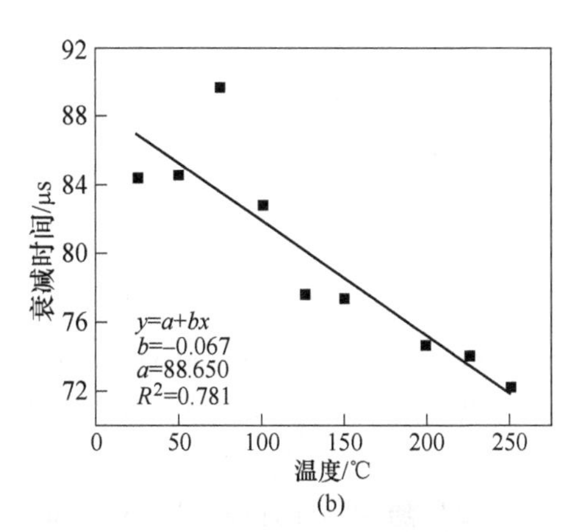

图 5-36 $Na(La_{0.88}Yb_{0.1}Er_{0.02})(MoO_4)_2$ 荧光粉不同温度下在 551nm 处发射峰的荧光衰减曲线（a）及不同温度下荧光寿命与温度的线性拟合图（b）

图 5-36 彩图

τ_1、τ_2、A_1、A_2 和χ^2列于表 5-7 中。经计算所得平均寿命结果也列于表 5-7 中。图 5-36（b）是 551nm（$^4S_{3/2}\rightarrow{}^4I_{15/2}$）发射的平均寿命相对于温度的变化趋势，从图中可以看出，随着温度的升高，荧光寿命符合线性拟合但是具有较大的误差，因此 $Na(La_{0.88}Yb_{0.1}Er_{0.02})(MoO_4)_2$ 荧光粉只能通过 FIR 模式进行温度测试。

表 5-7 $Na(La_{0.88}Yb_{0.1}Er_{0.02})(MoO_4)_2$ 荧光粉的荧光寿命分析结果

温度/℃	λ_{em}/nm	寿命 τ_1/μs	寿命 τ_2/μs	A_1	A_2	χ^2	平均寿命 τ/μs
室温	551	35.07	101.36	78.05	78.17	0.888	84.33927
50	551	34.36	102.09	75.97	73.76	0.787	84.65518
75	551	37.45	108.41	73.66	70.79	1.150	68.39116
100	551	32.95	99.99	74.49	71.02	0.828	82.77039
125	551	31.81	93.24	82.02	82.24	0.905	77.64473
150	551	40.85	112.76	72.23	70.81	2.037	49.582
175	551	32.03	92.99	80.13	79.87	0.837	77.33432
200	551	30.85	89.79	84.80	84.02	0.994	74.614
225	551	30.22	89.26	82.88	80.66	0.906	74.02213
250	551	30.74	86.56	90.21	92.04	1.064	72.14739

5.2.6 本节小结

本节工作以稀土氢氧化物 $(La,RE)(OH)SO_4$ 为自牺牲反应模板成功制备了 $Na(La,RE)(MoO_4)_2$(RE=Eu/Yb,Er) 双钼酸盐，详细分析了制备过程中的相转变过程和所得 $Na(La,RE)(MoO_4)_2$(RE=Eu/Yb,Er) 荧光粉的上/下转换发光性能，明确了上转换发光机制，进一步探讨了 $Na(La,RE)(MoO_4)_2$（RE=Eu/Yb,Er）荧光粉基于荧光强度比（FIR）和荧光寿命（FL）模式的光学测温性能，主要结论如下：

（1）以 $(La,Eu)(OH)SO_4$ 为模板、$Na_2(MoO_4)_2$ 为阴离子源（MoO_4^{2-} 与 RE^{3+}摩尔比 $R=5$），于 100℃水热反应 24h 或者 200℃水热反应 4h（pH=6）的条件下可制备 $Na(La,Eu)(MoO_4)_2$ 双钼酸盐。通过在 395nm 激发下所得的发射光谱可以看出，在 589nm、614nm、652nm 和 699nm 处出现尖锐的发射峰，分别归因于 Eu^{3+}的$^5D_0\rightarrow{}^7F_j$（$j=1\sim4$）跃迁，其主发射峰的衰减时间为 539.31μs。

（2）随着温度升高，$Na(La,Eu)(MoO_4)_2$ 下转换荧光粉发射峰位置及形状无明显变化，各发射峰强度下降趋势基本相同，所得下转换荧光粉无法通过荧光强度比（FIR）模式进行光学测温。荧光寿命随温度升高呈指数下降趋势，所得荧光粉可以通过荧光寿命（FL）模式进行光学测温，计算得到相对灵敏度的最大值为 $338\times10^{-4}K^{-1}$（298K）。

(3) $Na(La,Yb,Er)(MoO_4)_2$ 上转换荧光粉的合成条件为200℃水热反应24h(MoO_4^{2-} 与 RE^{3+}摩尔比 $R=5$, pH=5)。其上转换发光过程为三光子机制，热耦合能级$^2H_{11/2}$ 和$^4S_{3/2}$ 的荧光强度比与温度的关系符合线性拟合。发现所得上转换荧光粉可基于荧光强度比及荧光寿命变化双模式进行荧光测温。基于 I_{520}/I_{551} 荧光强度比模式进行测温时，绝对灵敏度（S_A）和相对灵敏度（S_R）的最大值分别为 $335\times10^{-4}K^{-1}$（523K）和 $115\times10^{-4}K^{-1}$（348K）。

参 考 文 献

[1] WU J X, LI M, WANG M T, et al. Preparation and luminescence properties of $NaLa(WO_4)_2$: Sm^{3+} orange-red phosphor [J]. Journal of Luminescence, 2018, 197: 219-227.

[2] LI G. Solid state synthesis and luminescence of $NaLa(WO_4)_2$:Dy^{3+} phosphors [J]. Journal of Materials Science-Materials In Electronics, 2016, 27 (10): 11012-11016.

[3] WANG X J, HU Z P, SUN M, et al. Phase-conversion synthesis of LaF_3:Yb/RE(RE=Ho, Er) nanocrystals with $Ln_2(OH)_4SO_4 \cdot 2H_2O$ type layered compound as a new template, phase/morphology evolution, and upconversion luminescence [J]. Journal of Materials Research and Technology, 2020, 9 (5): 10659-10668.

[4] LIU W R, HAUNG C H, WU C P, et al. High efficiency and high color purity blue-emitting $NaSrBO_3$:Ce^{3+} phosphor for near-UV light-emitting diodes [J]. Journal of Materials Chemistry, 2011, 21 (19): 6869-6874.

[5] PETER A J, BANU I B S. Synthesis and luminescence properties of $NaLa(WO_4)_2$: Eu^{3+} phosphors for white LED applications [J]. Journal of Materials Science-Materials in Electronics, 2018, 28 (11): 8023-8028.

[6] HUANG S, WANG Z H, ZHU Q, et al. A new protocol for templated synthesis of YVO_4:Ln luminescent crystallites (Ln=Eu, Dy, Sm) [J]. Journal of Alloys and Compounds, 2019, 776: 773-781.

[7] YUAN S W, SHAO B Q, FENG Y, et al. A novel topotactic transformation route towards monodispersed YOF: Ln^{3+} (Ln = Eu, Tb, Yb/Er, Yb/Tm) microcrystals with multicolor emissions [J]. Journal of Materials Chemistry C, 2018, 6 (34): 9208-9215.

[8] ZHAO S, SHAO B Q, FENG Y, et al. Facile synthesis of lanthanide (Ce, Eu, Tb, Ce/Tb, Yb/Er, Yb/Ho, and Yb/Tm) -doped LnF_3 and LnOF porous sub-microspheres with multicolor emissions [J]. Chemistry Asian Journal, 2017, 12 (23): 3046-6052.

[9] HASCHKE J M. Hydrothermal equilibria and crystal chemistry of phases in the oxide-hydroxide-sulfate systems of La, Pr, and Nd [J]. Journal of Solid State Chemistry, 1988, 73 (1): 71-79.

[10] LI J G, LI X D, SUN X D, et al. Uniform colloidal spheres for $(Y_{1-x}Gd_x)_2O_3$ ($x=0$-1): formation mechanism, compositional impacts, and physicochemical properties of the oxides [J]. Chemistry of Materials, 2008, 20 (6): 2274-2281.

[11] HAGFELDT A, GRATZEL M. Light-induced redox reactions in nanocrystalline systems [J]. Chemical Reviews, 1995, 95 (1): 49-68.

[12] MENG Q Y, CHEN L, ZHANG S Q, et al. Enhanced photoluminescence and high temperature sensitivity in rare earth doped glass ceramics containing $NaGd(WO_4)_2$ nanocrytals [J]. Journal of Luminescence, 2019, 216: 116727.

[13] LIU Y, LIU G X, WANG J X, et al. Single-component and warm white-emitting phosphor $NaGd(WO_4)_2$:Tm^{3+}, Dy^{3+}, Eu^{3+}: Synthesis, luminescence, energy, transfer, and tunable color [J]. Inorganic Chemistry, 2014, 53 (21): 11457-11466.

[14] WANG F, FAN X P, PI D B, et al. Hydrothermal synthesis and luminescence behavior of rare-earth-doped $NaLa(WO_4)_2$ powders [J]. Journal of Solid State Chemistry, 2005, 178 (3): 825-830.

[15] MAO Z Y, ZHU Y C, ZENG Y, et al. Concentration quenching and resultant photoluminescence adjustment for $Ca_3Si_2O_7$:Tb^{3+} green-emitting phosphor [J]. Journal of Luminescence, 2013, 143: 587-591.

[16] HOLSA J, LESKELA M, NIINISTO L. Concentration quenching of Tb^{3+} luminescence in LaOBr and Gd_2O_2S phosphors, Materials Research Bulletin [J]. 1979, 14 (11): 1403-1409.

[17] TANG Y X, YE Y F, LIU H H, et al. Hydrothermal synthesis of $NaLa(WO_4)_2$:Eu^{3+} octahedrons and tunable luminescence by changing Eu^{3+} concentration and excitation wavelength [J]. Journal of Materials Science and Technology, 2017, 28 (2): 1301-1306.

[18] ZHAI Y Q, ZHANG W, YIN Y J, et al. Morphology tunable synthesis and luminescence property of $NaGd(MoO_4)_2$:Sm^{3+} microcrystals [J]. Ceramics International, 2016, 43 (1): 841-846.

[19] ZHANG X M, SEO H J. Photoluminescence and concentration quenching of $NaCa_4(BO_3)_3$:Eu^{3+} phosphor [J]. Journal of Alloys and Compounds, 2010, 503 (1): L14-L17.

[20] ZHANG J S, CHEN B J, LIANG Z Q, et al. Optical transition and thermal quenching mechanism in $CaSnO_3$:Eu^{3+} phosphors [J]. Journal of Alloys and Compounds, 2014, 612: 204-209.

[21] XIA Z G, LIU R S, HUANG K W, et al. $Ca_2Al_3O_6F$: Eu^{2+}: a green-emitting oxyfluoride phosphor for white light-emitting diodes [J]. Journal of Materials Chemistry, 2012, 22 (30): 15183-15189.

[22] LI M, WU J X, JIA H L, et al. Luminescence properties and energy transfers of $NaLa(WO_4)_2$:Sm^{3+}:Ce^{3+} phosphor [J]. Journal of Materials Science-Materials in Electronics, 2019, 30 (11): 10465-10474.

[23] WEI Y, CAO L, LV L, et al. Highly efficient blue emission and superior thermal stability of $BaAl_{12}O_{19}$:Eu^{2+} phosphors based on highly symmetric crystal structure [J]. Chemistry of Materials, 2018, 30 (7): 2389-2399.

[24] GHAROUEL S, LABRADOR-PAEZ L, HARO-GONZALEZ P, et al. Fluorescence intensity ratio and lifetime thermometry of praseodymium phosphors for temperature sensing [J]. Journal of Luminescence, 2018, 201: 372-383.

[25] HAN Y H, WANG Y, HUANG S H, et al. Controlled synthesis and luminescence properties of doped $NaLa(WO_4)_2$ microstructures [J]. Journal of Industrial and Engineering Chemistry,

2016, 34: 269-277.

[26] WANG X J, WANG X J, WANG Z H, et al. Photo/cathodoluminescence and stability of Gd_2O_2S:Tb, Pr green phosphor hexagons calcined from layered hydroxidesulfate [J]. Journal of the American Ceramic Society, 2018, 101 (12): 5477-5489.

[27] WANG X J, MENG Q H, LI M T, et al. A low temperature approach for photo/cathodoluminescent Gd_2O_2S:Tb(GOS: Tb) nanophosphors [J]. Journal of the American Ceramic Society, 2019, 102 (6): 3296-3306.

[28] ZHU Y T, LI C X, DENG D G, et al. A high-sensitivity dual-mode optical thermometry based on one-step synthesis of Mn^{2+}:$BaAl_{12}O_{19}$-Mn^{4+}:$SrAl_{12}O_{19}$ solid solution phosphors [J]. Journal of Alloys and Compounds, 2021, 853: 157262.

[29] ZHU Y T, LI C X, DENG D G, et al. High-sensitivity based on Eu^{2+}/Cr^{3+} co-doped $BaAl_{12}O_{19}$ phosphors for dual-mode optical thermometry [J]. Journal of Luminescence, 2021, 237: 118142.

[30] LI L, FU S K, ZHENG Y F, et al. Near-ultraviolet and blue light excited Sm^{3+} doped Lu_2MoO_6 phosphor for potential solid state lighting and temperature sensing [J]. Journal of Alloys and Compounds, 2018, 738 (25): 473-483.

[31] LIAO J S, WANG M H, KONG L Y, et al. Dual-mode optical temperature sensing behavior of double-perovskite $CaGdMgSbO_6$:Mn^{4+}/Sm^{3+} phosphors [J]. Journal of Luminescence, 2020, 226: 117492.

[32] ZHANG H, LIANG Y J, YANG H, et al. Highly sensitive dual-mode optical thermometry in double-perovskite oxides via Pr^{3+}/Dy^{3+} energy transfer [J]. Inorganic Chemistry, 2020, 59 (19): 14337-14346.

[33] QIU L T, WANG P, WEI X T, et al. Investigation of a phosphor mixture of $LiAl_5O_8$:Cr^{3+} and $LuPO_4$:Tb^{3+} as a dual-mode temperature sensor with high sensitivity [J]. Journal of Alloys and Compounds, 2021, 879: 160461.

[34] LIN Y, ZHAO L, JIANG B, et al. Temperature-dependent luminescence of $BaLaMgNbO_6$: Mn^{4+}, Dy^{3+} phosphor for dual-mode optical thermometry [J]. Optical Materials, 2019, 95: 1-6.

[35] LIU W G, WANG X J, ZHU Q, et al. Upconversion luminescence and favorable temperature sensing performance of eulytite-type $Sr_3Y(PO_4)_3$:Yb^{3+}/Ln^{3+} phosphors (Ln = Ho, Er, Tm) [J]. Science and Technology of Advanced Materials, 2019, 20 (1): 949-963.

[36] LUO H Y, LI X X, WANG X, et al. Highly thermal-sensitive robust $LaTiSbO_6$:Mn^{4+} with a single-band emission and its topological architecture for single/dual-mode optical thermometry [J]. Chemical Engineering Journal, 2020, 384: 123272.

[37] YANG X N, LI Q H, LI X, et al. Color tunable Dy^{3+}-doped $Sr_9Ga(PO_4)_7$ phosphors for optical thermometric sensing materials [J]. Optical Materials, 2020, 107: 110133.

[38] ZHANG H, ZHAO S L, WANG X L, et al. The enhanced photoluminescence and temperature sensing performance in rare earth doped $SrMoO_4$ phosphors by aliovalent doping: from material design to device applications [J]. Journal of Physical Chemistry C, 2019, 7 (47):

15007-15013.

[39] DU P, YU J S. Near-infrared light-triggered visible upconversion emissions in Er^{3+}/Yb^{3+}-codoped $Y_2Mo_4O_{15}$ microparticles for simulta-neous noncontact optical thermometry and solid-state lighting [J]. Industrial and Engineering Chemistry Research, 2018, 57 (39): 13077-13086.

[40] SINHA S, MAHATA M K, KUMAR K. Enhancing upconversion luminescence properties of Er^{3+}-Yb^{3+} doped yttrium molybdate through Mg^{2+} incorporation: effect of laser excitation power on temperature sensing and heat generation [J]. New Journal of Chemistry, 2019, 43 (15): 5960-5971.

[41] SINHA S, KUMAR K. Studies on up/down-conversion emission of Yb^{3+} sensitized Er^{3+} doped $MLa_2(MoO_4)_4$ (M = Ba, Sr and Ca) phosphors for thermometry and optical heating [J]. Optical Materials, 2018, 75: 770-780.

[42] SINHA S, MAHATA M K, KUMAR K. Comparative thermometric properties of Bi-functional Er^{3+}-Yb^{3+} doped rare earth (RE=Y, Gd and La) molybdates [J]. Materials Research Express, 2018, 5 (2): 1-12.

[43] WANG X J, SUN M, FU Y, et al. $Na(Gd,RE)(WO_4)_2$ double tungstates (RE=Eu/Yb-Er): crystallization from a novel layered hydroxide precursor and favorable luminescence for optical thermometry [J]. Journal of Asian Ceramic Society, 2021, 9 (3): 782-793.

[44] LI K, ZHU D M, LIAN H Z. Up-conversion luminescence and optical temperature sensing properties in novel $KBaY(MoO_4)_3$:Yb^{3+}, Er^{3+} materials for temperature sensors [J]. Journal of Alloys and Compounds, 2020, 816: 152554.

[45] SINHA S, MAHATA M K, KUMAR K, et al. Dualistic Temperature sensing in Er^{3+}/Yb^{3+} doped $CaMoO_4$ upconversion phosphor [J]. Spectrochimica Acta Part A-Molecular and Biomolecular Spectroscopy, 2017, 173: 369-375.

[46] SINHA S, MAHATA M K, KUMAR K. Up/Down-converted green luminescence of Er^{3+}-Yb^{3+} doped paramagnetic gadolinium molybdate: a highly sensitive thermographic phosphor for multifunctional applications [J]. RSC Advances, 2016, 6 (92): 89642-89654.